U0157584

住房城乡建设部土建类学科专业"十三五"规划教材
全国住房和城乡建设职业教育教学指导委员会规划推荐教材

水处理工程运行实训

（第二版）

（给排水工程技术专业适用）

边喜龙　王红梅　主　编

朱　佳　主　审

中国建筑工业出版社

图书在版编目（CIP）数据

水处理工程运行实训/边喜龙，王红梅主编. —2 版. —北京：
中国建筑工业出版社，2019.12（2024.11重印）
住房城乡建设部土建类学科专业"十三五"规划教材. 全国住
房和城乡建设职业教育教学指导委员会规划推荐教材. 给排水工
程技术专业适用
ISBN 978-7-112-24633-5

Ⅰ. ①水… Ⅱ. ①边… ②王… Ⅲ. ①水处理-高等职业教育-
教材 Ⅳ. ①TU991.2

中国版本图书馆 CIP 数据核字（2020）第 010959 号

　　本书以水处理运行任务为引领、项目为主导，结合水处理运行项目的典型案例组织实践教学活动。全
书包括给水处理厂运行、城市污水处理厂运行、模拟仿真实训与生产安全三部分，共精炼了 18 个学习项
目，41 个学习任务。同时各任务、项目紧密联系，各模块相对独立，以适应不同院校、不同层次学生完成
城市给水和污水处理厂的运行技能的教学组织。
　　本书为高职院校给排水工程技术专业的教学用书，也可以作为水处理厂运行人员岗位培训用书，还可
以作为相关工程技术人员参考用书。

为便于教学，作者特别制作了配套课件，如有需求，请发邮件至 cabplvna@qq.com 索取。

责任编辑：吕　娜　王美玲　朱首明
责任校对：李美娜

住房城乡建设部土建类学科专业"十三五"规划教材
全国住房和城乡建设职业教育教学指导委员会规划推荐教材

水处理工程运行实训

（第二版）

（给排水工程技术专业适用）

边喜龙　王红梅　主　编

朱　佳　主　审

＊

中国建筑工业出版社出版、发行（北京海淀三里河路 9 号）
各地新华书店、建筑书店经销
霸州市顺浩图文科技发展有限公司制版
建工社（河北）印刷有限公司印刷

＊

开本：787×1092 毫米　1/16　印张：13　字数：290 千字
2020 年 9 月第二版　　2024 年 11 月第三次印刷
定价：**45.00** 元（赠课件）
ISBN 978-7-112-24633-5
（34951）

本套教材修订版编审委员会名单

序　言

2015年10月受教育部（教职成函〔2015〕9号）委托，住房和城乡建设部（住建职委〔2015〕1号）组建了新一届全国住房和城乡建设职业教育教学指导委员会市政工程类专业指导委员会，它是住房和城乡建设部聘任和管理的专家机构。其主要职责是在住房和城乡建设部、教育部、全国住房和城乡建设职业教育教学指导委员会的领导下，研究高职高专市政工程类专业的教学和人才培养方案，按照以能力为本位的教学指导思想，围绕市政工程类专业的就业领域、就业岗位群组织制定并及时修订各专业培养目标、专业教育标准、专业培养方案、专业教学基本要求、实训基地建设标准等重要教学文件，以指导全国高职院校规范市政工程类专业办学，达到专业基本标准要求；研究市政工程类专业建设、教材建设，组织教材编审工作；组织开展教育教学改革研究，构建理论与实践紧密结合的教学体系，构筑校企合作、工学结合的人才培养模式，进一步促进高职高专院校市政工程类专业办出特色，全面提高高等职业教育质量，提升服务建设行业的能力。

市政工程类专业指导委员会成立以来，在住房和城乡建设部人事司和全国住房和城乡建设职业教育教学指导委员会的领导下，在专业建设上取得了多项成果。市政工程类专业指导委员会制定了《高职高专教育市政工程技术专业顶岗实习标准》和《高职高专教育给排水工程技术专业顶岗实习标准》；组织了"市政工程技术专业""给排水工程技术专业"理论教材和实训教材编审工作。

在教材编审过程中，坚持了以就业为导向，走产学研结合发展道路的办学方针，以提高质量为核心，以增强专业特色为重点，创新教材体系，深化教育教学改革，围绕国家行业建设规划，系统培养高端技能型人才，为我国建设行业发展提供人才支撑和智力支持。

本套教材的编写坚持贯彻以素质为基础，以能力为本位，以实用为主导的指导思路，毕业的学生具备本专业必需的文化基础、专业理论知识和专业技能，能胜任市政工程类专业设计、施工、监理、运行及物业设施管理的高端技能型人才，全国住房和城乡建设职业教育教学指导委员会市政工程类专业指导委员会在总结近几年教育教学改革与实践的基础上，通过开发新课程，更新课程内容，增加实训教材，构建了新的课程体系。充分体现了其先进性、创新性、适用性，反映了国内外最新技术和研究成果，突出高等职业教育的特点。

"市政工程技术""给排水工程技术"两个专业教材的编写工作得到了教育部、住房和城乡建设部人事司的支持，在全国住房和城乡建设职业教育教学指导委员会的领导下，市政工程类专业指导委员会聘请全国各高职院校本专业多年从事"市政工程技术""给排水工程技术"专业教学、研究、设计、施工的副教授以上的专家担任主编和主审，同时吸收工程一线具有丰富实践经验的工程技术人员及优秀中青年教师参加编写。该系列教材的出版凝聚了全国各高职高专院校"市政工程技术""给排水工程技术"两个专业同行的心血，也是他们多年来教学工作的结晶。值此教材出版之际，全国住房和城乡建设职业教育教学指导委员会市政工程类专业指导委员会谨向全体主编、主审及参编人员致以崇高的敬意。对大力支持这套教材出版的中国建筑工业出版社表示衷心的感谢，向在编写、审稿、出版过程中给予关心和帮助的单位和同仁致以诚挚的谢意。本套教材全部获评住房城乡建设部土建类学科专业"十三五"规划教材，得到了业内人士的肯定。深信本套教材的使用将会受到高职高专院校和从事本专业工程技术人员的欢迎，必将推动市政工程类专业的建设和发展。

全国住房和城乡建设职业教育教学指导委员会
市政工程类专业指导委员会

第二版前言

《水处理工程运行实训》是水处理工程技术课程的实训教材，是水处理工程技术的重要实践环节。该课程也是给排水工程技术专业一门必修的职业技术课程。本教材根据全国住房和城乡建设职业教育教学指导委员会市政工程类专业分指导委员会编制的《高等职业学校给排水工程技术专业教学标准》中，"水处理工程运行实训"课程教学标准编写的。本教材结合工程案例及运行实例编写，主要介绍城市给水和污水处理新技术、新工艺和新方法。本教材在编写过程中做到理论与实践结合、课程标准与工作岗位结合、学校和企业结合。注重对学生技术应用能力、实践操作能力和职业素质能力的培养。

本教材包括给水处理厂运行；城市污水处理厂运行；模拟仿真实训与生产安全三部分。完成18个学习项目，41个学习任务实践教学。以任务引领，项目主导，使学生具有城市给水和污水处理厂的运行技能。

教材编写人员及编写分工：黑龙江建筑职业技术学院边喜龙编写项目1、项目2；江苏建筑职业技术学院王国平编写项目3、项目4；黑龙江生物科技职业技术学院李宏罡编写项目5；黑龙江建筑职业技术学院王红梅编写项目6及项目7；广东建设职业技术学院张志编写项目9、项目12及项目13；广州大学市政技术学院杜馨编写项目8、项目10、项目11；内蒙古建筑职业技术学院谭翠萍编写项目14及项目15；黑龙江建筑职业技术学院王诗乐编写项目16；深圳信息职业技术学院相会强编写项目17、项目18。本教材由边喜龙、王红梅担任主编，由深圳职业技术学院朱佳担任主审。

该教材凝聚了大家的心血与汗水，参与本教材编写人员和出版人员的高度责任感、奉献精神和专业能力，表示衷心的敬意。

由于编者水平有限，本教材难免存在错误和不足，敬请批评指正，以便完善。

编者

2018 年 12 月

第一版前言

《水处理工程运行实训》是水处理工程运行技术工学一体课程的实训教材，是给排水工程专业的重要实践性环节。该课程为给排水工程专业必修的职业技术课程。教材通过对案例及运行安全的编写，介绍给水和污水处理新技术和新方法的应用。编写做到理论与实践结合、学校和企业结合。注重对学生应用能力和实践能力的培养，力求体现高职教育教学改革、发展的方向。

教材通过水处理运行的典型案例和模拟仿真手段，以项目和任务开展教学实践活动。包括三大模块分别为：第 1 篇给水处理厂运行；第 2 篇城市污水处理厂运行；第 3 篇模拟仿真实训与生产安全。共有 17 个学习项目，42 个学习任务。以任务为引领，项目为主导，从任务、项目到大模块，有紧密的逻辑联系，但各模块仍然相对独立，以利于学生全面和系统掌握城市给水和污水处理厂的运行技能。

教材编写人员及编写分工如下：广州大学市政技术学院邓曼适编写项目 1、项目 2、项目 15 及项目 16；江苏建筑职业技术学院王国平和广州市自来水公司谢小东编写项目 3、项目 4、项目 5、项目 6 及项目 7；广东建设职业技术学院张志编写项目 9、项目 10、项目 13 及项目 14；广州大学市政技术学院杜馨编写项目 8、项目 11、项目 12；黑龙江建筑职业技术学院许铁夫和广州市自来水公司谢小东编写项目 17。本教材由邓曼适主编，由王国平担任副主编，由谢小东、张志、杜馨、许铁夫参编，由黑龙江建筑职业技术学院边喜龙担任主审。

该教材凝聚了心血与汗水，在此对参与该教材编写和出版人员的高度责任感、奉献精神和专业能力表示衷心的敬意。对黑龙江建筑职业技术学院边喜龙教授、广西建设职业技术学院范柳先教授、江苏建筑职业技术学院张宝军教授的大力支持表示衷心的感谢。

由于编者水平有限，时间紧，任务重，本教材难免有些错误和不足，敬请批评指正并提出修改意见，以便完善。

编　者

目　录

第 1 篇　给水处理厂运行

第 1 篇

给水处理厂运行

项目1 预处理系统的运行

【项目实训目标】 为了解决微污染水的处理问题，使饮用水水质满足现行水质标准，在水厂常规处理工艺之前常设置预处理的工艺。预处理工艺通常分为生物法和化学法。生物法主要采用生物膜法，通过微生物的生命活动将水中的有机污染物、氨氮、亚硝酸盐及铁、锰等部分去除，以提高混凝、沉淀和过滤效果，同时可减轻后续的深度处理负担，更好地改善水质。化学法是在原水中投加混凝剂、氧化剂或吸附剂等化学药剂以去除常规处理难以去除的污染物，改善后续常规处理的效果。通过项目实训，学生应能具备以下能力：

1. 分析预臭氧预处理工程；
2. 学会预臭氧接触池的运行操作方法；
3. 维护和管理预臭氧接触池的工作。

任务1 预臭氧接触池的运行

工程案例

某水厂坐落于A市，占地面积达24万 m²，是A市市政重点工程，在2003年5月进入全面规模建设，于2004年10月15日正式建成投产。某水厂原水取自北滘西海取水点，经2条DN2200原水输水管送至某水厂。某水厂（包括A市南部供水其他部分）总投资约26亿元，建设规模为100万 m³/d，是A市首间采用"臭氧消毒＋活性炭过滤深度处理工艺"的饮用净水厂，也是国内供水规模最大的饮用净水厂。

工艺流程如下：

某水厂提供的是经过深度处理的饮用净水。采取的工艺为臭氧预处理＋常规处理＋臭氧-生物活性炭滤池工艺。

饮用水深度净化的目的：一是去除消毒副产物——有机氯化物和三致物质。目前，大多数城市的给水水源受到不同程度的污染，而自来水的常规处理，主要是去除悬浮物、胶体物和细菌等，很难去除溶解的有机物等有害物质。二是去除病原菌、病毒和病原原生物。

某水厂的工艺流程如图1-1、图1-2：

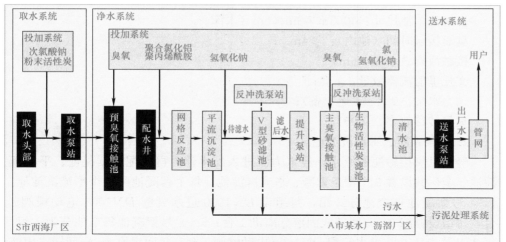

图 1-1   该水厂的工艺流程框图

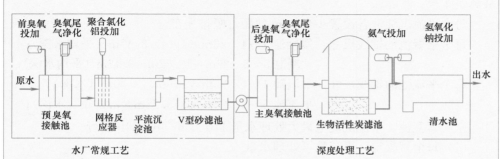

图 1-2   该水厂的净水工艺

净水工艺构筑物简介：

1. 预臭氧接触池

原水通过 2 条 DN2200 原水输送管进入前臭氧接触池。预臭氧接触池分为独立的 4 格池，在每格臭氧接触池前设置格栅间，每格安装 2 台栅距为 3mm 的并联回转式固液分离机。每格设置单独的 DN1800 进水管、流量计和放空管，进水量可根据接触池前的 DN1800 进水管上的流量计观测。在总出水渠设 2 条 DN2400 出水管将水引至配水池。臭氧投加扩散系统采用水射器曝气的形式，利用负压吸入臭氧气体，并同时进行气水混合，臭氧投加射流加压泵房与前接触池合建。

预臭氧接触反应系统主要设计参数：

臭氧投加量：0.5～1.5mg/L；

射流投加线 1 线/池（共 4 线并联运行）；

接触池设计最大处理水量：100 万 m³/d；

运行方案：处理水量≤85 万 m³/d 时，运行 3 组池；处理水量＞85 万 m³/d 时，运行 4 组池；

接触池数量：共 4 组池；

接触池单池尺寸：40.5m×8m×6m（水深）；

臭氧接触时间（池内）：≥4min；

接触池有效水深：6m；

文丘里射流器数量：4套；

动力水泵：5台（4运1备）；

臭氧转移效率：≥95%。

2. 栅条絮凝、平流沉淀池

经预臭氧接触池的原水，经重力流进入配水池，再分配至絮凝池、平流沉淀池。全厂共设置8个栅条絮凝、平流沉淀池。每个絮凝池配一个平流沉淀池。1～4号絮凝池每个池分3组，每组设DN1000进水管配DN1000电动蝶阀1台，每组设栅隙3mm回转式固液分离机1台；5～8号絮凝池每个池分为4组，每2组设DN1000进水管配DN1000电动蝶阀1台，每两组设3mm回转式固液分离机1台。

每个平流沉淀池各设置1台26m轨距虹吸排泥车。

每个絮凝池的轴线尺寸：絮凝池1～4　26m×19m×3.47m（平均水深）；

絮凝池5～8　26m×19.72m×3.42m（平均水深）；

每个平流池的轴线尺寸：平流池1～4　26m×119m×3.30m（水深）；

平流池5～8　26m×118.28m×3.30m（水深）；

全厂絮凝池、平流沉淀池最大处理水量110万m^3/d，24h运行。

（1）每个絮凝池、平流池可处理水量

$$137500～115000m^3/d=5730～4800m^3/h$$

絮凝池进水量可根据絮凝池前的DN1800配水总管流量计观测。

（2）絮凝池、平流池工艺标准

絮凝池出口应有明显絮凝体出现，且絮凝体密实，分离度高且易沉淀。

平流池出水浊度≤1NTU。

3. 气水反冲洗砂滤池

设计参数如下：

（1）砂滤池设计最大处理水量100万m^3/d，24h运行；

（2）砂滤池分组：共52格池；

（3）滤面：砂滤池单池滤面均为$91m^2$。一期建设的砂滤池滤面合计$2184m^2$；二期建设的砂滤池滤面合计$2548m^2$。砂滤池总滤面$4732m^2$；

（4）设计滤速：

当最大处理水量为100万m^3/d时，一期建设的砂滤池设计正常滤速（平均）9.75m/h，强制滤速（以滤池中同时有一格反冲洗，一格停池维修，其余运行计）10.62m/h；二期建设的砂滤池设计正常滤速（平均）8.35m/h，强制滤速（以滤池中同时有一格反冲洗，一格停池维修，其余运行计）8.99m/h；

（5）滤料层厚度：石英砂滤料厚度1.24m，石英砂垫层厚度0.06m；

（6）出水浊度≤0.5NTU。

4. 主臭氧接触池

主臭氧接触池分为独立的 6 格池，每格设置单独的 $DN1400$ 进水管、相应流量计和放空管，臭氧扩散系统采用微孔曝气盘曝气的形式，总出水渠通过 4 条混凝土渠直接与炭滤池待滤水总渠连接。

臭氧投加量：1.0～2.5mg/L；

接触池最大处理水量规模：100 万 m^3/d；

接触池数量：6 组池；

接触池单格尺寸：36.7m×10m×6m（水深）；

余臭氧要求（C 值）：0.2～0.4mg/L；

投加线：1 线/池（共 6 线并联运行）；每条投加线设 3 个投加点，3 个点臭氧投加比例顺水流方向依次为投加量的 60%（40%～80%可调）、20%（10%～30%可调）、20%（10%～30%可调）；

臭氧接触时间（池内）：≥10min。

5. 生物活性炭滤池

设计参数如下：

（1）炭滤池设计最大处理水量 100 万 m^3/d，24h 运行；

（2）滤面：单池滤面 91m^2，共设 4 区，各分区滤面合计 1092m^2，总滤面 4368m^2；

（3）滤速：设计正常滤速（平均）为 8.80m/h，强制滤速（以全部炭滤池中同时有一格反冲洗，三格停池维修，其余运行计）为 10.62m/h；

（4）滤料层厚度：柱状活性炭炭层厚度 2m，石英砂垫层厚度 0.5m，正常滤速时水体与炭层接触时间 12.6min；

（5）出水水质：<0.5NTU；≥0.2μm 的颗粒<50 个/mL。

6. 清水池：

清水池分为 12 个独立池，每个池的尺寸为 54.2m×44.2m×4m（长×宽×高），最大有效容积为 9200m^3，全厂清水池最大有效容积共 11.04 万 m^3。

1.1 实训目的

通过本次实训任务，学生应能具备以下能力：

1. 能对预臭氧接触池进行正确的运行操作。
2. 能掌握预臭氧接触池的运行操作及维护管理工作。

1.2 实训内容

1. 预臭氧接触池的运行操作。
2. 预臭氧接触池的管理维护。

1.3 实训步骤与指导

预氧化通常是指在水厂前续操作构筑物中，如絮凝池或沉淀池之前，将氧化剂投加到原水中的工艺，其主要作用是氧化分解水中有机或无机污染物，以利于其在后续处理过程中污染物的去除，同时可破坏附着或包裹在胶体颗粒表面的还原性有机物，促使胶体颗粒脱稳沉降，以提高常规处理混凝、沉淀和过滤的效果，也就是起到了助凝作用。臭氧用作预氧化剂沉降的主要目的是强化常规处理工艺去除微污染物的能力。

某水厂预臭氧接触反应系统采用文丘里射流曝气的形式，其基本原理类似于水射器。高速水流通过射流器在管道上产生真空，利用负压将臭氧气体吸入，并同时进行气水混合，达到臭氧扩散的目的。

在预臭氧接触池中建有加压水泵房，利用水泵从栅栏后接触池前抽取原水向文丘里射流器提供压力水，通过射流器使臭氧进入接触池。使用射流曝气，前臭氧接触和扩散系统操作灵活、运行可靠、无须停池检修，且臭氧转移效率高。

在预臭氧接触池 4 条进水管处各安装一个电磁流量计，提供 4～20mA 的电流信号供臭氧发生器的 PLC 系统根据处理水量进行臭氧投加量控制。

1.3.1　预臭氧接触池的运行操作

在预臭氧接触系统运行开始之前，预臭氧接触池中必须充满水，并且流经接触池的水量不能低于接触池设计最小流量（每组池 $8333m^3/h$）。每组反应池按如下步骤进行调试运行：

（1）检查压力安全阀 PSV351-1，保证该阀能正常工作。

（2）对加压泵房的泵组进行盘车，要求泵组转动轻重均匀、无异常声响。

（3）通电检查水泵泵轴转向：自电机端看水泵轴顺时针转。

（4）打开吸水管进水阀 V351-1，打开水泵吸水管进水阀 V352-1。

（5）启动增压水泵 P351-1。

（6）打开增压水泵的出水阀 V353-1。

（7）打开出水调节阀 HCV312-1。

（8）打开臭氧气体阀门 V311-1。

（9）打开电动阀 FV314-1。

（10）调节气体流量控制系统和自动流量控制阀 FCV311-1 达到设计所需的投加量。

同理，其他各组反应池按同样的步骤进行调试运行。

1.3.2　预臭氧接触池的管理维护

1. 预臭氧接触池的日常管理

臭氧接触池包括预臭氧接触池和主臭氧接触池。因臭氧接触池体为密封结构，正常运行时内部无法进行观察。需要巡检的关键内容是臭氧接触池的附属设备，一般每隔 1～2h 巡检一次，主要包括：

（1）配水井水位是否正常，有无溢流及油污。

（2）回转式固液分离机运行是否正常，有无异响；取样管是否持续出水，有无异味。

（3）水质仪表和流量计显示是否正常，坑底泵运行是否正常。

（4）射流加压泵组运行是否正常，有无异响和过热情况。

（5）臭氧安全阀是否打开，有无臭氧气味泄漏情况。

（6）臭氧投加流量计是否符合总量，射流器压力表是否正常。

（7）温度仪表显示是否在正常范围内以及与臭氧接触池相关的液氧储存设备、臭氧发生系统运行是否正常，各项技术参数是否在正常范围内。

2. 预臭氧接触池的维护管理

（1）臭氧接触池放空清洗前必须确保进气管路和尾气排放管路已切断。

（2）切断进气管路和尾气排放管路之前必须先用空气将布气系统及池内剩余臭氧气体吹扫干净或停止臭氧投加一段时间，池内空气中臭氧浓度低于 0.1ppm 后才能进入池内，清洗的同时需采取必要的通风措施，且池外必须要设置专人监护管理。

（3）水厂每周需对预臭氧接触池加压水泵吸水管与拦污格栅之间的池水进行排放，减少贝类在该部位的积聚。一般要求每年对整个预臭氧接触池放空清洗 1 次，放空清洗时将积聚的贝类、泥沙等清理干净，并检查加压水泵、射流曝气器、安全压力阀、尾气消泡器等池内外设备是否有堵塞和泄漏、池内不锈钢爬梯是否有松动、人孔密封胶圈是否有老化破损、观察窗是否有漏水等现象。同时对池内壁、池底、池顶、伸缩缝进行检查。清洗后，洗池水应排干，如图 1-3～图 1-5 所示。

图 1-3　预臭氧接触池投加臭氧的水射器（射流泵）

图 1-4　预臭氧接触池投加臭氧的加压水泵房

图 1-5　预臭氧投加的臭氧尾气破坏器

（4）对臭氧接触池检查、清洗、消毒后，应对池内检查、清洗、消毒过程及前后情况做好记录，填写《预臭氧接触池检查、清洗、消毒记录表》（表 1-1）。

预臭氧接触池检查、清洗、消毒记录表　　　　　　　　　表 1-1

序号	检查内容		情况描述
1	清洗前池内情况检查	池壁及池底有无积泥沙、贝类等	
		池内壁、池底、池顶及伸缩缝情况	
		不锈钢爬梯是否松动、人孔密封胶圈是否老化破损、观察窗是否漏水等	
		加压水泵、射流曝气器、安全压力阀、尾气消泡器等设备是否有堵塞、泄漏等	
		布气管路是否松动移位，曝气盘是否堵塞	
2	清洗后池内情况检查	池壁及池底有无积泥沙、贝类等，洗池水是否排干	
		曝气盘是否堵塞	
3	预臭氧接触池消毒	消毒剂名称	
		消毒剂消耗量（kg）	
		消毒时间（min）	
		消毒水排放	
		恢复运行时间	

详细记录：

项目 2 药剂的投加

【项目实训目标】 天然水体中存在大量的胶体物质，根据传统的净水工艺主要通过混凝沉淀过程予以去除。净水厂常用的药剂有混凝剂、助凝剂、pH调节剂、氧化剂、吸附剂、消毒剂等。混凝过程的效率直接影响到基体的密实度进而影响出水水质，因而混凝剂等药剂的投加在给水处理工艺中甚为关键，通过实训项目，学生应能具备以下能力：

1. 能分析不同药剂的使用条件；
2. 学会选择适合水厂投加药剂的投加方式；
3. 能进行水厂各主要药剂投加的操作；
4. 会进行投加设备正常运行操作和维护与管理。

任务 1 投加混凝剂（以聚合氯化铝为例）

工程案例

某水厂的工艺流程如下框图，图 2-1 所示：

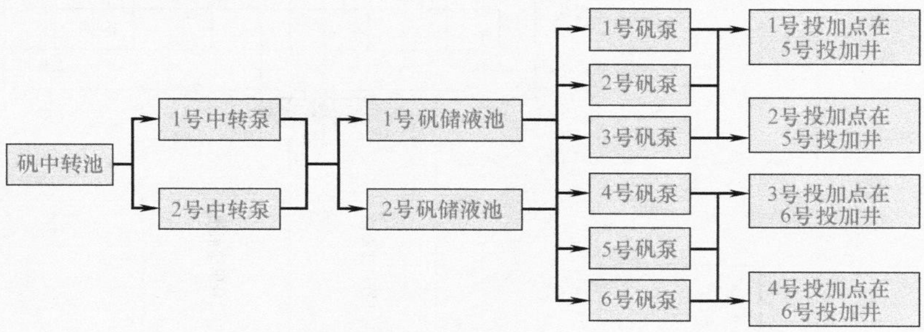

```
                                    ┌─1号矾泵─┐   ┌─1号投加点在
                                    │         │   │ 5号投加井
         ┌─1号中转泵─┐  ┌─1号矾储液池─┼─2号矾泵─┤   ├─2号投加点在
矾中转池 ─┤           ├──┤             └─3号矾泵─┘   │ 5号投加井
         └─2号中转泵─┘  └─2号矾储液池─┬─4号矾泵─┐   ├─3号投加点在
                                    │         │   │ 6号投加井
                                    ├─5号矾泵─┤   └─4号投加点在
                                    └─6号矾泵─┘     6号投加井
```

图 2-1 聚合氯化铝投加工艺流程图

该水厂共有 6 台投加聚合氯化铝（矾）的泵，分别为 4 台德国西派克的 BN2-6L 型螺杆泵，单台投加量为 764L/h；2 台德国 ALLDOS 的 257-880-80001 型液压隔膜计量投矾泵（如图 2-2 所示），单台投加量为 880L/h，设备运行稳定，机械故障率低。

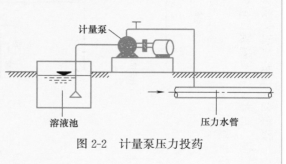

图 2-2 计量泵压力投药

9

投聚合氯化铝（矾）系统工艺流程，如图 2-3 所示。投加泵均可实现高精度及高准确性，系统设有流量计及变频器进行检测和控制。另外，液压隔膜计量泵具有连续投加或线性投加特性，若和电动同服马达、冲程调节器配合使用可以实现高精度投加。

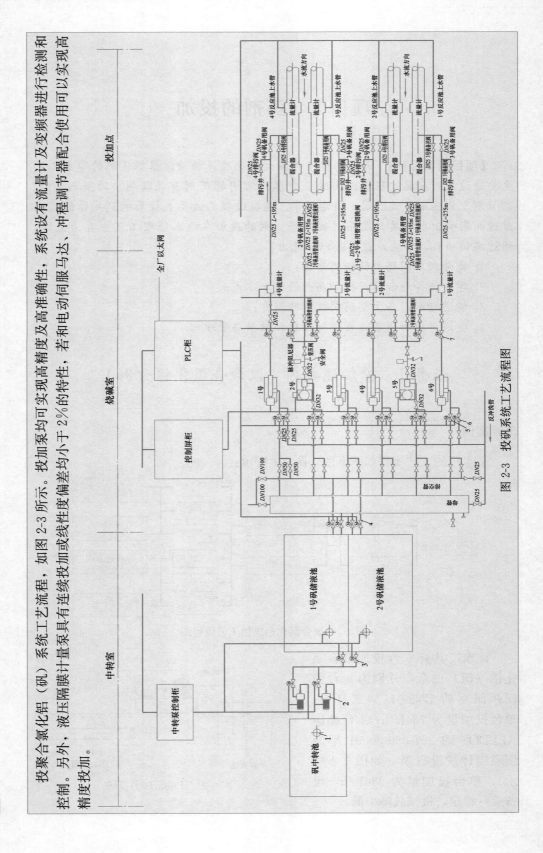

图 2-3　投矾系统工艺流程图

1.1　实训目的

通过本次实训任务，学生应能具备以下能力：

1. 投加聚合氯化铝的操作方法。
2. 能对聚合氯化铝投加设备进行维护管理。

1.2　实训内容

1. 接收聚合氯化铝的操作。
2. 投加聚合氯化铝中转泵操作。
3. 投矾螺杆泵操作。
4. 投运前设备检查。
5. 投运操作要点。
6. 聚合氯化铝投加设备的维护管理。

1.3　实训步骤与指导

1.3.1　接收聚合氯化铝的操作

1. 运送聚合氯化铝的车辆必须在值班人员的指挥下停靠指定卸矾点。

2. 必须严格遵守聚合氯化铝收发制度。投入池前，检查聚合氯化铝池各阀门的开关情况。

3. 聚合氯化铝样采集：与厂家送货人员共同进行。

（1）使用汽车送货的，每车均需采集 1 个聚合氯化铝样品（用 250mL 塑料瓶在槽车卸货的前、中、后段分别取 1/3 瓶，混合成 1 瓶，按要求贴好标签后，由日班送至化验室检验）。

（2）使用船送货的，每船舱采 1 个聚合氯化铝样品。

4. 选择正确的输送聚合氯化铝管道，将其放至中转池（千万不能将聚合氯化铝放进氢氧化钠中转池）。

5. 放聚合氯化铝到中转池时不能同时抽聚合氯化铝到储液池。

6. 储液池的最高液位不能超过 2.8m。当液位达到 2.5m 时，应转放至另一个储液池。

7. 中转池的液位应保证不低于 0.15m，当液位降至 0.15m 时，应停止中转泵。

8. 接收聚合氯化铝完毕后，值班人员应在送货单上签字确认送聚合氯化铝编号、日期、重量，并收好送货单，填写收聚合氯化铝记录本。

9. 对现场的卫生情况进行检查，检查合格后才可离开。

10. 每次接收聚合氯化铝后都要将所收的聚合氯化铝从中转池抽至储液池，使中转池能做下次收货计量用。

1.3.2　投聚合氯化铝中转泵操作

1. 开泵前准备工作

中转泵开启前应检查各个阀门的开关是否正常，确保进、出聚合氯化铝阀门打开，管道畅通后才可以开泵。特别注意在转泵时，应正确调节阀门。

2. 手动开、停泵

（1）在控制箱上将选择开关旋转至"手动"位置。

（2）按下开泵按钮。

（3）停泵时按下停泵按钮即可。

3. 界面控制开、停泵

（1）将选择开关旋转至"远程"位置。

（2）在电脑界面上用鼠标选择开泵按钮，直到泵运转信号亮起。

（3）停泵时在电脑界面上选择停泵按钮，直到泵运转信号熄灭。

4. 注意事项

（1）开泵前，必须确认相对应的储液池处于停用状态，并记下该储液池的液位。

（2）如果电脑界面不能正常开、停泵，值班人员应到现场手动开启中转泵。

（3）如果要换泵，应先停运中转泵，同时转用另一中转泵，确认另一储液池停止使用后，方可开启对应中转泵。

1.3.3 投聚合氯化铝螺杆泵位操作

1. 开泵前准备工作

聚合氯化铝投加泵房，如图2-4所示。

图2-4 聚合氯化铝投加泵房

投矾螺杆泵开启前应检查各个阀门的开关是否正常，确保进、出聚合氯化铝阀门打开，管道畅通后才可以开泵；特别注意在转换聚合氯化铝泵时，正确调节阀门。同时应检查并记录要开启螺杆泵对应的储液池的液位，如果液位太低，不能开泵。

2. 手动控制开、停泵

（1）在控制箱上将选择开关旋转至"手动"位置。

（2）打开进液阀、出液阀和管路阀门。

（3）按下螺杆泵开泵按钮。

（4）需停泵时按下停泵按钮即可。

3. 界面控制开、停泵

（1）将选择开关旋转至"远程"位置。

（2）在电脑界面上用鼠标开启进液阀、出液阀和管路阀门。

（3）用鼠标选择开泵按钮，直到螺杆泵运转信号亮起。

（4）停泵时在电脑界面上选择停泵按钮，直到泵运转信号熄灭。

4. 变频器的手动、自动控制

当需要调节投加量时，应利用 Siemens（西门子）变频器进行频率调节。

（1）手动调节

在设 P0010＝1 状态下；设 P0700 和 P1000 都为 1，则为变频器面板控制，则可在变频器控制面板上选择相应的螺杆泵进行频率调节。

（2）自动/远程调节

在设 P0010＝1 状态下；设 P0700 和 P1000 都为 0，则变频器为远程控制，可在电脑界面对相应螺杆泵进行频率调节。

5. 聚合氯化铝混凝剂的特点：

（1）对各种状况的原水（污染严重或低浊底、高浊度、高色度的原水）都可达到好的混凝效果。

（2）低温时，仍可保持稳定的混凝效果，因此在我国北方地区广泛采用此种药剂。

（3）矾花的形成速度较快，颗粒大而重，形成絮体沉淀性能好。

（4）pH 值范围较宽，在 5～9 之间，当过量投加混凝剂时也不会像硫酸铝等药剂那样造成水浑浊的反效果。

（5）聚合氯化铝混凝剂药凝对设备的侵蚀作用小，且处理后水的 pH 值和碱度下降较小。

6. 注意事项

（1）检查橡胶手套、拆卸维修工具等是否齐全有效。

（2）定时通过聚合氯化铝池液位、投聚合氯化铝管流量计、投聚合氯化铝泵频率等的数据对比，以及投聚合氯化铝泵、电机的振动声判断设备运行是否正常，检查管道是否有堵塞或穿漏。

（3）当界面操作不能正常开、停螺杆泵，应到现场手动控制，以保证正常投加。

（4）螺杆泵长期（超过 24h）停用时，在停泵前应开启冲洗装置冲洗泵腔 5min 以上，防止聚合氯化铝结晶堵塞聚合氯化铝泵。

（5）储液池应轮换使用，时常注意投聚合氯化铝设备的运行情况。

（6）中转池和储液池应定期清渣。

1.3.4 投聚合氯化铝值班工安全操作

1. 投聚合氯化铝工应熟悉本岗位的设备，并熟练掌握聚合氯化铝投加系统工艺过程。

2. 检查控制柜和变频器电源。

3. 检查加聚合氯化铝管道上所有阀门的开/闭状态，确认溶液池出口阀打开，工作一路的阀门处于开启状态，备用一路的阀门则应处于关闭状态。确认从计量泵出口到投药点出口管道畅通。

4. 投聚合氯化铝过程中，应经常检查聚合氯化铝管是否畅通，发生故障应迅速排除，并立即通知制水工注意水质变化情况。

5. 如果聚合氯化铝溅到皮肤上或眼睛里，应立即用清水冲洗。

6. 每8h（一个班）应把使用储液池的液位变化如实登记在记录本上。

1.3.5 漏聚合氯化铝紧急处理操作

1. 值班人员发现聚合氯化铝泄漏，应立即报告值班长或调度，值班长或调度接到漏聚合氯化铝通知后，要马上组织人员到现场参加抢修。

2. 抢修人员应先检查漏点是否影响正常生产，若影响生产，应报厂部采取对应减、停产措施，然后再进行抢修。

3. 如果漏点在储聚合氯化铝池和投聚合氯化铝螺杆泵之间的管道，应停螺杆泵并关闭相应阀门，冲洗管道后，修补或更换新管。

4. 如果漏点在螺杆泵出液阀门和投加点之间，应停螺杆泵并关闭出液阀，同时关闭投加点阀门，待管道冲洗干净后，修补或更换新管，检查无漏后调试正常，检修人员通知中控室值班人员，方可恢复正常投聚合氯化铝。

1.3.6 聚合氯化铝投加设备的维护管理

聚合氯化铝投加设备外部检查时，所有阀门、仪表不得漏水，设备防护装置及栏杆要完整、可靠，设备及仪表装置齐全，指示正确。投聚合氯化铝泵的泵体容易积累聚合氯化铝液的垃圾造成堵塞，需要定期清理。每年需要对投聚合氯化铝泵进行预防性检查。

任务2 投加氢氧化钠

工程案例

某市水厂投加氢氧化钠的工艺流程如图2-5所示。

某水厂共有6台投氢氧化钠泵，分别为4台珠海市碧泉水业科技有限公司的DG-II机械隔膜泵，单台投加量为700L/h；2台力高机械厂的JMD型机械隔膜泵，单台投加量为1800L/h。投氢氧化钠系统并设有流量计及变频器进行检测和控制。

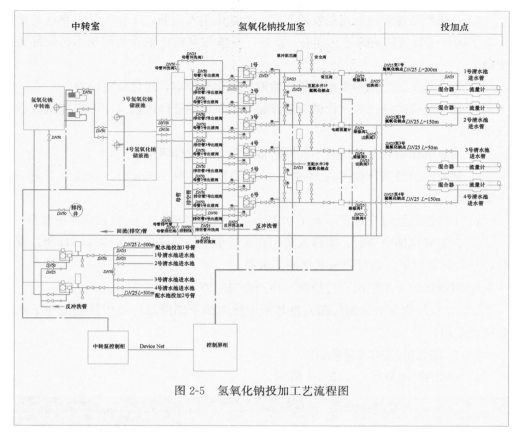

图 2-5 氢氧化钠投加工艺流程图

2.1 实训目的

通过本次实训任务,学生应能具备以下能力:

1. 能对氢氧化钠投加进行正确的操作。
2. 能掌握氢氧化钠投加设备的维护与管理。

2.2 实训内容

1. 氢氧化钠收货操作。
2. 投氢氧化钠中转量泵操作。
3. 投氢氧化钠计量泵操作。
4. 投氢氧化钠值班工操作。
5. 氢氧化钠泄漏紧急处理安全操作。
6. 氢氧化钠投加设备的维护管理。

2.3 实训步骤与指导

2.3.1 氢氧化钠收货操作

1. 运送氢氧化钠的车辆必须在工作人员的指挥下停靠指定地点。

2. 必须严格遵守氢氧化钠收发制度。氢氧化钠入池前，工作人员应在送货单上签字确认送氢氧化钠编号、日期、重量，并填写氢氧化钠收货记录本，收好送货单。

3. 每次收氢氧化钠都要用塑料瓶留取氢氧化钠样本，送化验室检验。

4. 选择正确的输送氢氧化钠管道开始放氢氧化钠至储液池（千万不能错放进矾中转池）。

5. 放氢氧化钠到中转池时不能同时抽氢氧化钠到储矾池。

6. 储液池的最高液位不能超过 2.5m。当液位达到 2.5m 时，应转放至另一个储液池。

7. 中转池的液位应保证不低于 0.15m，当液位降至 0.15m 时，应停中转泵。

8. 收氢氧化钠完毕后，值班人员应在送货单上签字确认送矾编号、日期、重量，并收好送货单，填写收氢氧化钠记录本。

9. 对现场的卫生情况进行检查，检查合格后方可离开。

10. 每次接收氢氧化钠后都要将其从中转池抽至储液池，使中转池能作下次收货计量用。

2.3.2　投氢氧化钠中转量泵操作

氢氧化钠投加泵房，如图 2-6 所示。

图 2-6　氢氧化钠投加泵房

1. 开泵前准备工作

中转泵开启前应检查各个阀门的开关是否正常，电源是否正常，确保进、出氢氧化钠阀阀门打开，管道畅通后才可以开泵。

2. 手动开、停泵

（1）在控制箱上将选择开关旋转至"手动"位置。

（2）打开出液阀。

（3）按下开泵按钮。

（4）停泵时按下停泵按钮即可。

3. 界面控制开、停泵

（1）将选择开关旋转至"远程"位置。

（2）在电脑界面上用鼠标开启出液阀门。

（3）在电脑界面上用鼠标选择开泵按钮，直到泵运转信号亮起。

（4）停泵时在电脑界面上选择停泵按钮，直到泵运转信号熄灭。

4. 注意事项

（1）开泵前，必须确认相对应的储液池处于停用状态，并记下该储液池的液位。

（2）如果电脑界面不能正常开、停泵，工作人员应到现场手动开启中转泵。

（3）如果要换泵，应先停中转泵，同时转用另一中转泵，确认另一储液池停止使用后，方可开启对应中转泵。

2.3.3 投氢氧化钠计量泵操作

1. 开泵前准备工作

（1）开泵前先检查氢氧化钠池浓度和液位。

（2）检查各个阀门的开关是否正常，确保进、出氢氧化钠阀门打开。

（3）检查电源是否正常。

（4）开脉冲器放气阀，放完气后关阀。

2. 开计量泵操作

投氢氧化钠计量泵只能现场手动控制开、停，其操作步骤为：

（1）把冲程控制器、调频控制器旋至"手动"位置。

（2）开启计量泵。

3. 停泵操作

（1）短期手动/自动停泵：

A. 停计量泵。

B. 关进液阀。

（2）长期手动、自动停泵：

A. 开冲洗水阀，关计量泵进液阀进行管路和计量泵的冲洗。

B. 冲洗5min后关冲洗水阀和停泵。

C. 关出液阀。

4. 冲程控制器的手动、自动切换

（1）手动控制

$\dfrac{\text{自动}}{\text{手动}}$ 灭 AutoMan 灯→n+1 Code 灯亮→086 "+−"→◇→n+1 令冲程灯亮→60

"▲▼"

A. 将选择开关置于"手动"位置，则 AutoMan 灯灭，n+1 Code 灯亮。

B. 设定功能代码为 086，并存储，显示屏冲程灯亮。

C. 直接用"▲▼"调节冲程。

（2）自动控制

$\dfrac{\text{自动}}{\text{手动}}$ 亮 AutoMan 灯→Code 灯亮→086 "+−"→◇→n+1 亮 Xp 灯→80%

"+−"→◇→n+1 亮冲程灯→60_

A. 将选择开关置于"自动"位置，则 AutoMan 灯亮，n+1 Code 灯亮。

B. 设定功能代码为 086，并存储。

C. 选 Xp 功能，设定 Xp 的值，存储。

D. 令显示屏显示冲程。

注意：自动状态下，Xp 的值越大，冲程越小。

观察在线 pH 监测显示计，如图 2-7 所示。

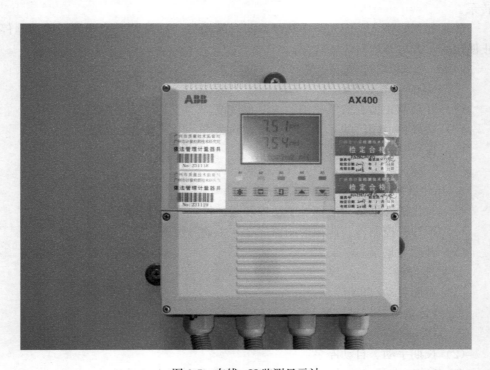

图 2-7　在线 pH 监测显示计

5. 注意事项

（1）定时通过氢氧化钠池液位、投氢氧化钠管流量计、计量泵频率等的数据对比，以及计量泵、电机的振动声音判断设备是否正常运行，管道是否有堵塞或穿漏。

（2）储液池应轮换使用，中转池和储液池应定期清渣。

（3）放氢氧化钠到中转池时不能同时抽氢氧化钠到储液池。

2.3.4 投氢氧化钠值班工操作

1. 投氢氧化钠工应熟悉本岗位的设备，并熟练掌握氢氧化钠投加系统工艺过程。

2. 投氢氧化钠过程中，应经常检查氢氧化钠输送管道是否畅通，发生故障应迅速排除，并立即通知水质检测人员注意水质变化情况。

3. 如果氢氧化钠溅到皮肤上或眼睛里，应立即用清水冲洗。

4. 每8h（一个班）应把使用储液池的液位变化及计量泵冲程频率如实登记在交接记录本上。

5. 氢氧化钠泄漏紧急处理安全操作

（1）值班人员发现氢氧化钠泄漏，应立即打电话报告值班长或调度，值班长或调度接到氢氧化钠泄漏通知后，要马上组织人员到现场参加抢修。

（2）抢修人员应穿上水鞋，戴好手套、护目镜，到泄漏处，首先检查漏点。

（3）如果漏点在投氢氧化钠计量泵之前，应关闭计量泵以及相应进液阀门，检查并冲洗管道，修补或更换新管并检查无再漏后，方可恢复氢氧化钠投加。

（4）如果漏点在计量泵出液阀和投加点之间，应停计量泵并关闭出液阀，同时关闭投加点阀门，待管道冲洗干净后，再进行修补或更换新管，检查无漏后，方可恢复正常使用。

6. 氢氧化钠加设备的维护管理

由于输送介质为50%的强碱溶液，所以对于投氢氧化钠泵的部件材料及密封程度都有较为严格的要求。每年需要对投氢氧化钠泵进行预防性检查。

任务3 投加聚丙烯酰胺

工程案例

某水厂投加聚丙烯酰胺的工艺流程如图2-8所示。

某水厂共有6台聚丙烯酰胺投加泵，如图2-9所示。型号为德国西派克BN1-6L型螺杆泵，单台投加量为1100L/h。由于聚丙烯酰胺为液体且固体含量较少，故螺杆泵的定子和转子使用寿命长，设备运行稳定，故障维修率低。

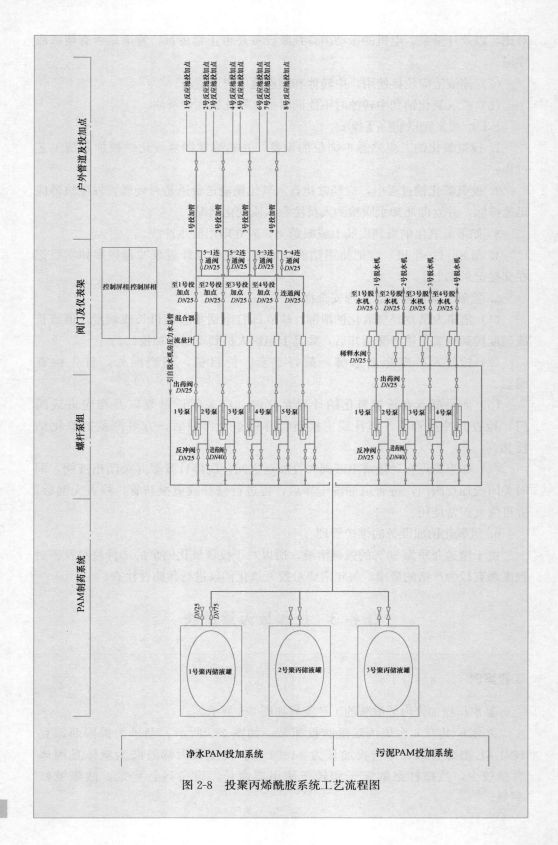

图 2-8　投聚丙烯酰胺系统工艺流程图

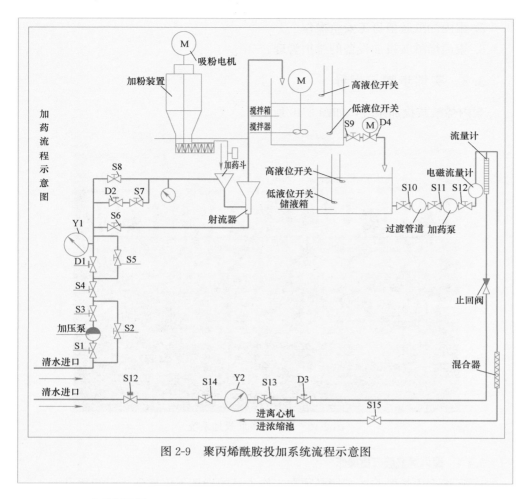

图 2-9　聚丙烯酰胺投加系统流程示意图

3.1　实训目的

通过本次实训任务,学生应能具备以下能力:

1. 能正确操作投加聚丙烯酰胺的设备。
2. 能对聚丙烯酰胺投加设备进行日常维护和管理。

3.2　实训内容

1. 聚丙烯酰胺特点及使用条件。

(1) 聚丙烯酰胺主要用于含无机质多的悬浊液,或高浊度水的泥沉淀。

(2) 聚丙烯酰胺可快速搅拌溶解,配制周期一般短于 2h。

(3) 聚丙烯酰胺可单独使用或和混凝凝剂一起使用,混合使用时,应先加聚丙烯酰胺,经充分混合后,再加混凝剂。

2. 聚丙烯酰胺收货操作。

3. 聚丙烯酰胺配药系统操作。

4. 投聚丙烯酰胺螺杆泵操作。

5. 聚丙烯酰胺值班工安全操作。

6. 聚丙烯酰胺投加设备的维护管理。

3.3　实训步骤与指导

聚丙烯酰胺投加系统，如图 2-10 所示。

图 2-10　聚丙烯酰胺投加系统

3.3.1　聚丙烯酰胺收货操作

1. 运送聚丙烯酰胺的车辆必须在工作人员的指挥下停靠到指定卸货点。

2. 必须严格遵守收发制度。聚丙烯酰胺入库前，值班人员应在送货单上签字确认送货编号、日期和重量，并填写聚丙烯酰胺收货记录本，收好送货单。

3. 聚丙烯酰胺入库后应堆放在指定地点，放上"备用"标志。

4. 关好门窗，将收货单送统计员处。

3.3.2　聚丙烯酰胺配药系统操作

1. 配药前准备工作

配药前应检查加药装置是否有药粉，且确保至少有 15kg（3 包）药粉。检查故障显示屏上有无信号，如有应按下复位按钮 2～3 秒，如果不能复位，应检查并处理故障后才能配药。

2. 手动配药（注意：控制箱上开、关按钮为同一个按钮，按一下为开，再按一下为关）

（1）在控制箱上将工作方式开关 SA1 置于"手动"挡。

（2）启动搅拌器。按下控制箱上的搅拌器开停按钮（"搅拌器开停及指示灯"亮）。

（3）开启进水阀。按下进水阀开停按钮（"进水阀开停及指示灯"亮），此时应留意进水管有没有出现堵塞的现象。检查清水进口压力表的读数，若压力小于0.3MPa，系统会自动开加压泵。

（4）待压力达到大于0.3MPa的状态持续30s后按下控制面板上的"射流泵"按钮开启射流泵。按下"射流水阀"按钮，观察射流泵是否正常工作，射流泵的供水压力是否正常。

（5）当药斗涡流形成后，打开螺旋送料器出口电磁阀，待电磁阀门完全开尽，启动螺旋送料机。观测加粉时是否有异物进入药斗和射流器。

（6）延时5～6min后关闭投药泵、射流泵。

（7）当搅拌桶中液位达到"高位"（1.3m）时，系统自动关闭进水阀。

（8）搅拌器延时搅拌30～40min，待絮凝剂熟化后，停止搅拌器。

（9）若储液箱液位处于低位（低于0.3m），开启放药阀。

（10）搅拌桶液位低或储液箱液位已到高位（1.3m）后，关闭放药阀。

（11）重复以上步骤再次配药。

3. 自动配药

将工作方式SA1置于"自动"挡，整个投配药系统将根据搅拌桶内3个液位开关和储液箱液位的变化情况自动完成投配药系统工作全过程。其工作流程和手动配药相同。

4. 停机

将工作方式SA1置于"停止"挡，此时所有设备都停止工作（如果放药阀已处在"开尽"状态，自控系统会将其关闭）。

5. 注意事项

（1）自动配药时要防止因自动失灵而使药剂泄漏。

（2）手动配药时，要注意储液箱和搅拌桶液位的高度，两者的液位均不能高于1.4m，否则会出现溢出现象。如果储液罐溢出，溢流管是不能全部排走的。

（3）当控制箱上工作方式开关SA1置于"自动"时，一定要确保储药粉箱内至少有15kg（3包）药粉，以免自动配药时药粉不足，配出的絮凝剂浓度达不到要求。

（4）注意防止搅拌器长时间空载运行。

（5）加粉装置出口处要保持清洁，要定期检查，如发现出口处留有残余粉剂，要及时清除，否则会造成盖板没有完全将出口封住，潮气进入，使絮凝剂粉剂结块，影响使用。

（6）加粉装置加粉量的调节，只有在螺旋送料机运转状态下，才能转动手轮调节转速，不允许在螺旋送料机没有运转时拧动手轮，否则会损坏螺旋送料机的摩擦片。

（7）加粉装置如有一段时间不用，要清除储药箱中余留的粉剂，保持内部清洁，否则剩余的絮凝剂粉剂会变性，影响下一次使用的效果。

（8）絮凝剂熟化后，一般在24h内使用，若时间过长或在搅拌桶、储液箱存储了一段时间不用，应及时清洗。清洗时，应打开搅拌桶、储液箱下部1FF手动阀，将剩余液体放掉，之后再用清水清洗。

（9）吸粉器使用时要防止吸管将杂物吸入损坏吸粉器。不用时应将吸管口插入管筒内防止潮气进入。

3.3.4　投聚丙烯酰胺螺杆泵操作

1. 开泵前准备工作

检查储液箱中絮凝剂溶液的液位，当液位未达到0.5m时，应该按照"手动"步骤配备药剂后，方可以开启螺杆泵，否则会造成螺杆泵干运转。

2. 手动控制

（1）在控制箱上将选择开关置于"手动"挡。

（2）开启螺杆泵出液阀。

（3）在控制版面按下变频器启动按钮，设置所需的螺旋泵频率，启动加螺旋泵。

（4）停螺杆泵。

A. 短时间停泵：按下螺杆泵控制屏上的调频"关"按钮，停螺杆泵。

B. 长时间停泵：按下螺杆泵控制屏上的调频"关"按钮，停螺杆泵；打开进水阀，冲洗大概1.5min，关进水阀。

3. 电脑界面控制

（1）开泵前确认控制箱上选择开关置于"远程"挡。

（2）在电脑界面选择相应螺杆泵控制按钮，选择开或停即可。

4. 流量的调节

根据流量计的数据及实际生产的需要，可以调节变频器的频率，设定螺杆泵的转速，从而调节聚丙烯酰胺的流量。另外，也可以在保持过渡管道前后手动阀处于开启状态的情况下，调节螺杆泵的手动阀，从而调节聚丙烯酰胺的流量，但一般不采用这个方法。

3.3.5　聚丙烯酰胺值班工安全操作

（1）聚丙烯酰胺投加工应熟悉本岗位的设备，并熟练掌握聚丙投加系统工艺及配药过程。

（2）应经常检查管道是否畅通，配药控制箱有无故障报警信号，如有故障应及时处理，以免影响正常生产。

（3）配药时应注意搅拌桶的液位，防止自动控制系统失灵造成药剂溢出，储药箱断粉应及时补充。

（4）换螺杆泵时应注意调整手动阀门的开启情况。

（5）每个班（8h）要在交接班记录本上填写配药、用药情况。

3.3.6　聚丙烯酰胺投加设备的维护管理

投聚丙烯酰胺泵的泵体容易积累聚丙烯酰胺液，造成堵塞，需要定期清理。每年需要对投聚丙烯酰胺泵进行预防性检查。

项目 3　絮凝池的运行

【项目实训目标】　混凝工艺包括投药、混合和絮凝三个过程，是给水处理工艺中一个重要的环节，混凝就是向水中投加一些药剂（常称混凝剂），使水中难以沉淀的细小悬浮物及胶体颗粒脱稳并相互聚集成粗大的颗粒后沉淀，从而实现与水分离，达到水质的净化。通过实训项目，学生应能具备以下几方面能力：
1. 熟知水厂中主要的混合设施及絮凝设施种类和构造。
2. 能进行网格（栅条）絮凝池及隔板絮凝池的运行操作。
3. 能掌握网格（栅条）絮凝池及隔板絮凝池维护管理工作。

任务 1　网格（栅条）絮凝池的运行管理

工程案例

某水厂共设 8 个栅条絮凝池。每个絮凝池配 1 个平流沉淀池。1～4 号絮凝池每个池分 3 组，每组设 $DN1000$ 进水管配 $DN1000$ 电动蝶阀 1 台，每组设栅隙 3mm 回转式固液分离机 1 台；5～8 号絮凝池每个池分为 4 组，每两组设 $DN1000$ 进水管配 $DN1000$ 电动蝶阀 1 台如图 3-1～图 3-3 所示。每两组设 3mm 回转式固液分离机 1 台。

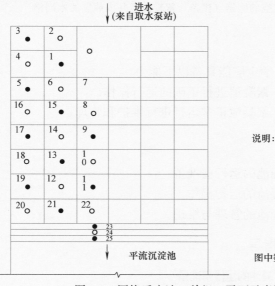

说明：○ 水流向下
　　　　● 水流向上

网格
图中数字为水流流动的顺序

图 3-1　网格反应池（单组）平面示意图

每个絮凝池的轴线尺寸：絮凝池1～4　26m×19m×3.47m（平均水深）

絮凝池5～8　26m×19.72m×3.42m（平均水深）

图3-2　网格絮凝池内竖井

图3-3　放空的网格（栅条）絮凝池竖井内放置的木网格

1.1　实训目的

通过本次实训任务，学生应能具备以下能力：
1. 能对网格（栅条）絮凝池进行正确的运行操作。
2. 能对网格（栅条）絮凝池正常运行进行维护和管理。

1.2　实训内容

1. 网格（栅条）絮凝池的运行前准备。
2. 网格（栅条）絮凝池的运行操作。
3. 网格（栅条）絮凝池的管理与维护。

1.3　实训步骤与指导

1.3.1　网格（栅条）絮凝池的运行前准备

1. 混合设施尽可能与后续处理构筑物拉近距离，最好采用直接连接方式，采用管道连接时，管内流速可以控制在 0.8～1.0m/s，管内停留时间不超过 2min。

2. 检查所有的管道和阀门是否完好正常；检查池体结构是否完好正常；检查网格（栅条）是否完好无损坏；检查池底是否有积泥。

1.3.2　网格（栅条）絮凝池的运行操作

经检查网格（栅条）絮凝池正常及关闭排空阀门后，可慢慢打开进水阀门，待水流稳定后，再全部打开进水阀门，进入正常运行状态。

1.3.3　网格（栅条）絮凝池的维护管理

1. 混凝时，要严格控制运行中的水位变化幅度，保证水与药剂的混合效果。

2. 运行负荷的变化不宜超过设计值的 15%，并按设计要求和生产情况控制进出口流速、运行水位、停留时间等工艺参数。

3. 定期排除絮凝池底部积泥。

4. 为了形成良好的絮凝条件，网格的安装应遵循在全池 2/3 的竖井内安装若干层，网格孔隙由密渐疏，当水流通过时，相继收缩扩大，形成涡旋，造成颗粒碰接。

任务 2　回转隔板絮凝池的运行管理

工程案例

某水厂一号净水系统 3 号回转隔板絮凝池。该池配 2 个斜管沉淀池。该回转隔板絮凝池的池内净尺寸为 14.8m×22.3m×4.65m（平均水深），单个回转隔板絮凝池的最大处理水量 5920m³/h，24h 运行。

2.1　实训目的

回转隔板絮凝池，水流从池中间进入，逐渐回转至外侧，其最高水位出现在池的中间，出口处的水位基本与沉淀池水位持平。通过本次实训任务，学生应能具备以下能力：

1. 能对隔板絮凝池进行正确的运行操作。
2. 能进行隔板絮凝池运行的维护与管理。

2.2　实训内容

1. 隔板絮凝池的运行前准备。
2. 隔板絮凝池的运行操作。
3. 隔板絮凝池的管理与维护。

2.3　实训步骤与指导

2.3.1　隔板絮凝池的运行前准备

（1）检查所有的管道和阀门是否完好正常；（2）检查池体结构是否完好正

常；（3）检查隔板是否完好无损坏；（4）检查池底是否有积泥。

2.3.2 隔板絮凝池的运行操作

经检查隔板絮凝池正常及关闭排空阀门后，可慢慢打开进水阀门，待水流稳定后，再全部打开进水阀门，进入正常运行状态。

2.3.3 隔板絮凝池的维护管理

混凝时，要注意严格控制运行中的水位变化幅度，保证混合效果。运行负荷的变化不宜超过设计值的 15％，并按设计要求和生产情况控制进出口流速、运行水位、停留时间等工艺参数，定期排除絮凝池内的积泥。做好日常记录，包括处理水量进水水质、投药量、水温等。当冬季水温较低、影响混凝效果时，除可采取增加投药量的措施外，还可投加适量的铁盐混凝剂，另外应经常检查加药管的运行情况，防止堵塞和冻裂。

项目 4　沉淀池的运行

【项目实训目标】　沉淀池的主要作用是让水中的固体物质在重力的作用下下沉，从而与水分离，并排除这些沉淀物。沉淀池在给水处理工艺中能够去除80％～90％的悬浮固体杂质，和滤池比较，它的造价仅为滤池的50％～60％，耗水率仅为5％～10％，电耗仅为20％～25％。所以沉淀池在给水处理工艺中有着十分重要的经济性。通过项目实训，学生应能具备以下几方面能力：

1. 能分析影响沉淀效果的主要原因。
2. 能进行各种常用沉淀池的运行操作。
3. 能进行沉淀池排泥车的运行操作。
4. 能掌握各种常用沉淀池的维护和管理工作。

任务 1　平流沉淀池的运行管理

工程案例

某水厂全厂共设 8 个平流沉淀池，如图 4-1 和图 4-2 所示。

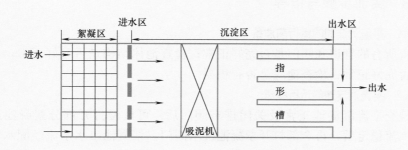

图 4-1　平流沉淀池示意

每个平流沉淀池各设置 1 台 26m 轨距虹吸排泥车。

每个平流池的轴线尺寸：平流池 1～4　26m×119m×3.30m（水深）

平流池 5～8　26m×118.28m×3.30m（水深）

全厂平流沉淀池最大处理水量 110 万 m³/d，24h 运行。

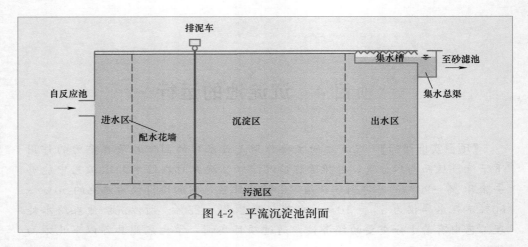

图 4-2 平流沉淀池剖面

1.1 实训目的

通过本次实训任务，学生应能具备以下能力：

1. 能对平流沉淀池进行正确的运行操作。
2. 能对平流沉淀池的正常运行进行维护和管理。

1.2 实训内容

1. 平流沉淀池的运行前准备。
2. 平流沉淀池的运行操作。
3. 沉淀池排泥车操作。
4. 液动快速排泥阀操作。
5. 平流沉淀池的运行管理。

1.3 实训步骤与指导

1.3.1 平流沉淀池的运行前准备

检查所有的管道和阀门是否完好正常；检查池体结构是否完好正常；检查排泥车是否完好正常；检查池底是否有积泥。

1.3.2 平流沉淀池的运行操作

经检查平流沉淀池正常及关闭排空阀门后，可慢慢打开部分絮凝池进水阀门，待水流稳定后，再全部打开絮凝池进水阀门，絮凝池出水水流经配水花墙进入沉淀池内。

1.3.3 沉淀池排泥车操作

1. 排泥车工作状态说明

（1）排泥车有四种工作状态，由万能转换开关 SA 切换，如图 4-3（a）所示：

A. 远控：可自动按设定时间排泥，并可在监控界面实现基本远程控制（如一步化开/停等）。

B. 就地：同上，可自动按设定时间排泥，并可在本地实现一步化功能，包括一步化开/停、自动形成/破坏虹吸等。

C. 调试状态：此状态下，可手动对各设备进行独立操作，无连锁。

D. 停状态：停止当前所有设备动作，此状态下，还可对排泥车进行自动排泥时间、每日行车次数等参数设定。

（2）行车以向反应池方向为"正向行车"，向砂滤池方向为"反向行车"。如图 4-3（b）所示。

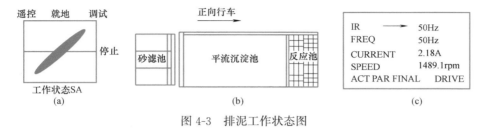

图 4-3　排泥工作状态图

（3）排泥车行车时，变频器面板显示如图 4-3（c）所示。

2. 就地、远控状态说明

（1）就地状态时，控制箱各按钮功能如下：

A. 正向/反向行车：启动一步化行车。

B. 停车：停止行车电机（对其他设备不起作用）。

C. 液下泵启动：自动形成虹吸，过程中不需人工干预。

D. 虹吸电磁阀开关：自动破坏虹吸，过程中不需人工干预。

E. 清刷器开关、液下泵停：此状态下无作用。

F. 故障复位：复位故障，并停止当前所有设备动作。

（2）远控状态时，控制箱各按钮均不起作用。

（3）一步化行车流程：排泥车启动清刷器，正向行车至正向行程终点，自动形成虹吸后，延时半分钟，开始向反向排泥。初始行车频率为 40Hz，行车约 25min（约 1/3 沉淀池长）后自动将行车频率设定为 50Hz。至反向终点后停车和停清刷器，延时半分钟后开始正向行车，并于行车 10min 后自动破坏虹吸，（空车）行车回停车点（约池中央）后停车，等待下次行车。

行车流程如图 4-4 所示：

（4）自动形成虹吸过程：在"就地"状态下，按"液下泵启动"按钮，可自动形成虹吸。此过程中，液下泵启动，虹吸管内真空状态由电接点压力表监视，达到预定负压后，液下泵自动停止，虹吸形成。

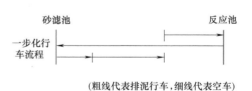

图 4-4　行车流程图

（5）自动破坏虹吸过程：在"就地"状态下，按"虹吸电磁阀开关"按钮，可实现自动破坏虹吸。此过程中，虹吸电磁阀打开 2min，2min 后若电接点压力表已归零，则关闭虹吸电磁阀，虹吸破坏完成。

注意：在破坏的 2min 内不可进行任何操作。

（6）排泥车在就地或远控状态下，可实现定时自动行车，每日自动排泥三次。

3. 运行控制方式

（1）手动分步控制方式：

A. 将状态转换开关 SA 切换至"调试"位置。

B. 按下"正向行车"按钮，使排泥车向反应池方向行驶。

C. 按下"液下泵启动"按钮，液下泵抽水形成真空。观察真空表，待指示真空度达-0.4MPa 时，按下"液下泵停止"按钮，排泥车开始吸泥。

D. 等待行驶至正向终端，排泥车会自动停下。

E. 按下"反向行车"按钮，使排泥车向砂滤池方向吸泥。

F. 等待行驶至反向终端，排泥车会自动停下。

G. 按住"虹吸电磁阀开关"按钮不放，破坏虹吸。观察真空表，待指示真空度归零且稳定后（过程约需 1~1.5min 不等），放开"虹吸电磁阀开关"。

H. 按下"正向行车"按钮，排泥车空车向反应池方向行驶。

I. 排泥车行驶至距正向终端 1/3 沉淀池长处，按下"行车电机停止"按钮，停车并完成吸泥过程。

（2）手动一步控制方式：

A. 将状态转换开关 SA 切换至"就地"位置。

B. 按下"正向行车"或"反向行车"按钮，即可开始一步化行车操作流程。排泥过程将由 SLC 自动控制，不需再由人工干预，具体一步化行车流程见"就地、远控状态说明"。

（3）自动一步化控制方式：

A. 将状态转换开关 SA 切换至"就地"或"远控"位置。

B. 等待排泥车按照指定时间进行自动一步化排泥。排泥过程将由 SLC 自动控制，不需再由人工干预，具体一步化行车流程见"就地、远控状态说明"。

4. 注意事项

（1）运行前准备工作：

A. 确认三相电源电压输出正常，电源总开关及各分功能开关已合上。

B. 检查各吸泥管接头处，特别是水位以上的接头处是否有漏气、漏水现象，如果有应立即修理。

C. 检查"行车电机故障灯""液下泵故障灯"及"系统故障灯"均无报警，无行车且无形成虹吸。

（2）运行、维护注意事项：

A. 吸泥机所有车轮必须同时着轨，且行走灵活、均匀，传动系统无冲击和振动；不允许与池侧、底面擦碰，不允许有卡轨、啃道、刨轨等异常现象，如发现需上报。

B. 系统内所有吸、排泥管道应畅通，无漏气、漏水现象。

C. 电气外壳必须保护接地良好。

D. 吸泥机按要求完成动作后应停于距反应池约 1/3 沉淀池长的位置。

E. 定期检查减速机、电机各轴承润滑油是否充满或变质、有无漏油现象。

（3）一步化行车过程中不需要人工干预，一旦在"远控/就地"状态下的排泥过程中停车而不按照正确的停车程序，则可能出现排泥车停于池面某一位置而形成虹吸排泥或不停清刷器的情况。

（4）一步化行车中正确的停车步骤是：将万能转换开关旋至"停"状态，延时 3s，等待行车电机、液下泵停止，再旋至"就地"状态，按"虹吸电磁阀开关"，自动破坏虹吸（注意，自动破坏虹吸 2min 内不要进行其他操作）。2min后，虹吸彻底破坏，停车操作即完成，可进行其他操作（如切换至调试状态进行分步操作）。

5. 界面显示的各种故障解释

（1）硬件故障包括：变频器启动故障、变频器停止故障、变频器运行故障、行车电机故障、清刷器故障、液下泵故障。

（2）抽真空失败、不能破坏真空：需到现场观察，如果"就地"状态下再次操作仍不能成功，或在调试状态下也不能实现，即可判断为硬件故障。

（3）超程故障：行车到达行程终点后不能正确停车，到达行车超程位置。需到现场检查行程终点是否损坏。此时故障灯会一直闪亮，需要转换到"调试"状态，按"正向/反向行车"强制将排泥车驶离行车超程位置。

（4）车轮转数脉冲错误：表示行车过程中，界面显示的"行车当前位置""行车路程"等值不真实，并不表示存在任何的软、硬件故障。

（5）一步化行车错误：即在一步化行车过程中出现不正常的停车或其他异常状态，需到现场查看解决。

6. 其他常见故障及排除方法汇总如下，见表 4-1：

故障原因及排除方法　　　　　　　　　　　　　　　　表 4-1

故障现象	原因	消除方法
不能启动	1. 馈电线路有断路； 2. 电压太低	1. 查看熔断保险丝和接线并更换之； 2. 调高电压或等电压升高后再用
驱动部分超负荷	1. 行车驱动部分联轴器同心动,轴承损坏,轴变形； 2. 障碍物阻碍	1. 修正零件,调换轴承,调整同轴度； 2. 移走障碍物
噪声大	1. 行车驱动部分联轴器不同轴； 2. 吸泥机与池壁池底相碰	1. 调整同轴度； 2. 使吸泥机与池壁池底不碰
不能形成虹吸	1. 真空泵有问题； 2. 管路漏气	1. 检查真空泵； 2. 修理漏气部分

1.3.4　液动快速排泥阀操作

1. 开阀前准备工作

开阀前应确认控制箱上电源指示灯亮。

2. 手动运行操作

（1）阀门开启

将二位五通电磁阀的手柄向左转动 90°，电磁阀通电，液动快速排泥阀的液压缸开始进水，排泥阀开启，开始排泥。

（2）阀门关闭

将二位五通电磁阀的手柄转动回原来位置（即中间位置），电磁阀断电，液动快速排泥阀的液压缸开始排水，排泥阀关闭，停止排泥。

3. 自动运行操作

一般情况下，液动快速排泥阀处于自动状态，在PLC程序的控制下，于每周一的早上9：00开启排泥阀进行排泥，每次开启一组，每组开启时间为2min，各组依次开启。

4. 故障现象及排除方法

（1）二位五通电磁阀，见表4-2。

二位五通电磁阀故障现象及处理方法 　　　　　　表4-2

故障现象	检查内容	处理方法
不能正常换向	电磁换向阀的输入电压是否正常	按说明书要求输入电压
	电磁换向阀与稳压电源的连接是否正确	按安装示意图与稳压电源正确连接
	密封件有无破损，驱动压力是否正常	更换密封件，调整压力

（2）液动快速排泥阀，见表4-3。

液动快速排泥阀故障现象及处理方法 　　　　　　表4-3

故障现象	原因	处理方法
密封面泄漏	密封面老化、损坏	拆卸阀门，更换密封圈
排放缓慢	1. O形圈磨损； 2. 液压缸水压过低； 3. 有异物堵塞	1. 拆卸阀门，更换O形圈； 2. 提高液压缸水源压力，或压力水管道是否有泄漏并进行修复； 3. 清除异物

1.3.5 平流沉淀池的运行管理

（1）工作人员根据池组设置、进水量的变化，应调节各池进水量，使各池均匀配水。

（2）采用机械排泥的平流式沉淀池每天要检查进、出水阀门，排泥阀，排泥机械运行状况，并加注润滑油，进行相应保养；检查排泥机械电源，传动部件、抽吸机械等的运行状况，并进行相应保养；疏通管道和清扫地面、走道垃圾。

（3）对于没有排泥车的平流式沉淀池应人工清刷，每年不少于3次；有排泥车的，每年安排人工清刷不少于2次，包括絮凝池的清刷；排泥机械和电气，每月都要检查修理。

（4）每年对排泥机械、阀门理体修理或更换部件1次；为了对混凝土池底、池壁进行检查修补，沉淀池要每年排空1次，同样，金属部件也应年年油漆等。

（5）沉淀池、排泥机械的大修每3~5年进行1次，并按设计要求和生产情况控制进出口流速、运行水位、停留时间等工艺参数。

（6）定期排除沉淀池内的积泥。

任务 2　斜管沉淀池的运行管理

工程案例

　　某水厂一号净水系统有 1 个回转隔板絮凝池配 2 个斜管沉淀池，单个斜管沉淀池的池内净尺寸为 14.4m×22.3m×4.55m（平均水深），单个斜管沉淀池的最大处理水量为 2960m³/h，24h 运行。

2.1　实训目的

　　斜管（板）沉淀池是根据浅池理论，在沉淀池中增设许多斜板或斜管以提高沉淀效率的一种新型沉淀池。分为入流区、出流区、沉淀区和污泥区四个区。斜管（板）沉淀池优点为水力负荷高，效率高，停留时间短，占地面积小。

　　通过本次实训任务，学生应能具备以下能力：

　　1. 了解斜管沉淀池的工作原理。

　　2. 能对斜管沉淀池进行正确的运行操作。

　　3. 熟悉斜管沉淀池的日常维护管理。

2.2　实训内容

　　1. 做好斜管沉淀池的运行前准备工作。

　　2. 能进行斜管沉淀池的运行操作。

　　3. 能对斜管沉淀池正常运行进行和管理维护工作。

2.3　实训步骤与指导

2.3.1　斜管沉淀池的运行前准备工作

　　（1）检查所有的管道和阀门是否完好正常；（2）检查池体结构是否完好正常；（3）检查斜管是否完好无损；（4）检查排泥车是否完好正常；（5）检查池底是否存有积泥。

2.3.2　斜管沉淀池的运行操作

　　经检查斜管沉淀池正常及关闭排空阀门后，可慢慢打开絮凝池进水阀门，待水流稳定后，再全部打开絮凝池进水阀门，絮凝池出水水流经配水花墙进入沉淀池内。

2.3.3　斜管沉淀池的管理维护

　　斜管沉淀池的斜管一般为 60°，长度为 1～1.2m，斜管内切圆直径为 25～35mm。斜管要求轻质、坚固、无毒、价廉。目前多采用聚丙烯塑料或聚氯乙烯塑料。

　　斜（管）板沉淀池日常保养的要求基本与平流式沉淀池相同，包括每日检查进、出水阀门、排泥阀、排泥机械运行状况并进行保养并加注润滑油；检查机械、电气装置进行相应保养。

定期的维护和大修项目、内容和要求如下：

（1）每月对机械、电气检查修理1次，对斜（管）板冲洗清通1次。

（2）排泥机械、阀门每年解体修理或更换部件，每年排空1次；检查斜（管）板、支托架、池底、池壁等并进行维修、油漆等。

（3）每3～5年应进行1次大修，支承框架，斜板（管）局部更换；大修理施工允许偏差要符合规定。

（4）沉淀池、排泥机械的大修每3～5年进行1次。

按设计要求和生产情况控制进出口流速、运行水位、停留时间等工艺参数；定期排除沉淀池内的积泥。

项目 5   滤池的运行

【项目实训目标】 在常规水处理工艺中，原水经混凝沉淀后，为了进一步降低沉淀池出水的浊度，需要进行过滤处理。过滤一般是指以粒状材料（如无烟煤、石英砂、石榴石等）组成具有一定孔隙率的滤料层来截留水中悬浮杂质，使水澄清的工艺过程。过滤是给水处理工艺中最重要的环节。过滤的功效，一方面进一步降低水的浊度，使滤后水浊度达到生活饮用水标准；另一方面为滤后消毒创造良好条件，这是因为水中附着于悬浮物上的有机物、细菌乃至病毒等在过滤的同时随着水的浊度降低被部分去除，而残存于滤后水中的细菌、病毒等也因失去悬浮物的保护或依附，在滤后消毒过程中容易被消毒剂杀灭。通过项目实训，学生应能具备以下几方面能力：

1. 分析影响滤池过滤效果的因素。
2. 进行各种常用滤池的运行操作。
3. 进行各种常用滤池的反冲洗操作。
4. 掌握各种常用滤池的维护管理工作。

任务 1   V 型滤池的运行管理

工程案例

某水厂滤池采用 V 型滤池，如图 5-1 所示。其设计参数如下：

1. 砂滤池设计最大处理水量 100 万 m^3/d，24h 运行。
2. 砂滤池分组：共 52 格池。
3. 滤面：砂滤池单池滤面均为 $91m^2$。一期建设的砂滤池滤面合计 $2184m^2$；二期建设的砂滤池滤面合计 $2548m^2$。砂滤池总滤面 $4732m^2$。
4. 设计滤速：

当最大处理水量为 100 万 m^3/d 时，一期建设的砂滤池设计正常滤速（平均）为 9.75m/h，强制滤速（以滤池中同时有一格反冲洗，一格停池维修，其余运行计）为 10.62m/h；二期建设的砂滤池设计正常滤速（平均）为 8.35m/h，强制滤速（以滤池中同时有一格反冲洗，一格停池维修，其余运行计）为 8.99m/h。

5. 滤料层厚度：石英砂滤料厚度为 1.25m，石英砂垫层厚度为 0.1m。
6. 出水浊度≤0.2NTU。

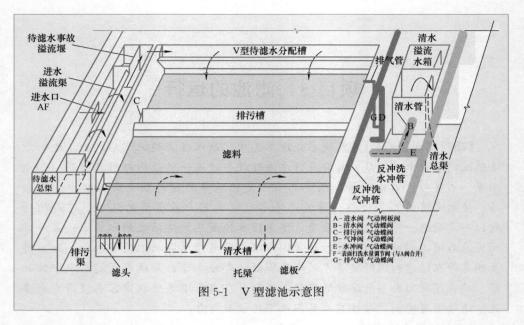

图 5-1　V 型滤池示意图

1.1　实训目的

通过本次实训任务，学生应能具备以下能力：

1. 对 V 型滤池进行正确的运行操作。

2. 掌握 V 型滤池运行的维护管理工作。

1.2　实训内容

1. V 型滤池的过滤操作。

2. V 型滤池的反冲洗操作。

3. V 型滤池的日常管理与维护。

1.3　实训步骤与指导

1.3.1　V 型滤池的过滤操作

具体的操作顺序如下：

（1）反冲洗结束后，关闭水冲阀和水泵出水阀，停水泵，关闭排污阀。

（2）水位达到设计过滤水位（100cm）时，将滤池状态转入自动滤水并打开滤池出水阀。

（3）按要求填写好运行原始记录。

（4）调节过滤出水阀的开度，使滤池水面保持在滤料表面 1.0～1.5m 左右。

（5）每小时检查滤池滤后水的浊度、余氯、pH 值。

（6）定期检查滤池滤料有无出现"泥毯"或"结泥球"现象，观察滤池有无出现藻类现象。

1.3.2　V 型滤池的手动反冲洗操作

具体的操作顺序如下：

（1）将砂滤池转为本地控制，关闭进水阀，出水阀开启度调节为 35°。

（2）水位下降到离砂面 25cm 时，关闭出水阀、排气阀，同时开启排污阀、气冲阀和风机出口气阀。

（3）在净水配电房现场开启风机，调节风机频率为 50Hz，气冲强度约 13～15L/(m² · s)，单独气洗 4.5min。

（4）开启水冲阀，在风机变频器面板上调节风机频率为 45Hz，气冲强度至 12～13L/(m² · s)，开启水泵，待稳定后再开启出水阀，调节水泵频率为 40Hz，[水冲强度 4～5L/(m² · s)]，气、水混洗 6min。

（5）停风机，再关闭气冲阀和风机出气阀，开启排气阀。

（6）在水泵变频器面板上调节频率为 50Hz，开启进水阀至半开状态 [表面扫洗强度为 1.8L/(m² · s)]，单独水冲洗（加表面扫洗）4.5min。

（7）关闭水冲阀和水泵出水阀，停水泵。

（8）关闭排污阀，进水阀处于半开状态。

（9）水位达到设计过滤水位（110cm）时，将滤池状态转入自动滤水。

（10）打开滤池出水阀。

注意：A. 反冲洗前确保其他同组（分为一期单数、一期双数、二期单数、二期双数共 4 组）砂滤池的气冲阀和水冲阀关闭。

B. 空压机开启前要将出气阀和气冲阀全部打开。

C. 水泵开启前可先开启水冲阀，但要开启水泵并稳定后，再打开水泵出水阀。

D. 反冲洗一、二期砂滤池要开启对应的风机和水泵。

V 型滤池管廊布置，如图 5-2 所示。V 型滤池的出水管、反冲洗水管及进人孔，如图 5-3 所示。

图 5-2　V 型滤池管廊

1.3.3　砂滤池反冲洗泵组操作

1. 开机前准备工作

确认机组就地控制柜上"就地/远控"选择开关置于"远控"位置，各控制

图 5-3　V 型滤池的出水管、反冲洗水管、反冲洗气管及进人孔

开关已合上并送电至控制设备，水泵机组各机械部分均正常。

2. 开反冲洗泵操作

（1）自动开泵

A. 控制开关旋至"自动"挡。

B. 当砂滤池水位下降到离砂面 25cm 时，水泵由 PLC 程序控制自动开启，稳定后自动开启出水阀，进行反冲洗。

（2）手动开泵

A. 将控制开关旋至"手动"挡。

B. 开水冲阀。

C. 按下"反冲洗泵启动按钮"，开启水泵。

D. 稳定以后按下"气动阀门开阀按钮"。

3. 停反冲洗泵操作

（1）自动停泵

反冲洗时间达到程序设定时间，由 PLC 控制自动关闭水冲阀和水泵出水阀停水泵。

（2）手动停泵

A. 关闭水冲阀。

B. 关闭水泵出水阀。

C. 停泵。

D. 将控制开关旋至"自动"挡，以便其进行自动反冲洗。

4. 注意事项

（1）当以"手动"方式开、停水泵以后，要将控制开关旋至"自动"挡，以便可以由远程控制进行自动反冲洗。

（2）开启水泵过程中如果故障指示灯亮，应停泵检查，排除故障后方可开机。

（3）水泵运行中，注意轴承温度不应超过外界温度 35℃，最高不应高于 85℃。

（4）运行时密切注意泵组的振动、声响，发现异常情况立即停泵检查。

（5）水泵达到规定转速时，压力表显示相应的压力，然后打开真空计旋塞，并逐渐打开排水管道上的闸阀，调整到需要的压力为止。

（6）停止水泵时，要慢慢关闭闸阀和真空计旋塞，然后停止电动机，并关闭压力旋塞。若所处环境温度较低时，应将泵体下方的旋塞打开，放出泵内余水，以免冻裂。

（7）定期检查弹性联轴器。

（8）定期检查轴承油位、油色、有无漏油现象。如出现釉质变黑应及时更换。

（9）水泵运行过程中应进行周期性检查。叶轮与密封环间的间隙磨损过大时，应更换叶轮密封环。

（10）当长期停止使用水泵时，应将水泵拆开，擦干零件上的水，并在加工面上涂上防锈油，妥善保存。

1.3.4　砂滤池反冲洗机房空气压缩机操作

砂滤池反冲洗机房布置，如图 5-4 所示。

图 5-4　砂滤池反冲洗机房

1. 安全预防

如果压缩机安装在室外或空气进气温度低于 0℃，必须采取防范措施。

2. 启动

（1）打开出口阀。

（2）接通电源。

（3）关闭冷凝排污阀。

（4）按下启动按钮。压缩开始运转，自动操作指示灯亮起。

（5）控制器将自动根据空气压力来停止和启动压缩机模块。

（6）对于 SF Full-feature 全性能机组，额定压力露点将在几分钟后到达。

注：压缩机每小时最多启动次数为 30 次。

3. 运行检查

（1）检查启动和停止压力是否正常。

（2）全性能机组检查压力露点。

（3）检查运行中出口处冷凝水的自动排放是否正常。

4. 停机

（1）按下停止按钮，所有压缩机模组将停止运行。

（2）关闭电源。

（3）关闭出口阀。

（4）打开疏水阀。

1.3.5　反冲洗机房罗茨风机操作

1. 风机运转前检查项目

（1）配管部分

A. 检查配管连接部位是否坚固完好。

B. 阀门全部开启，防止压力瞬间上升过高。

注意：严禁关闭吸入侧阀门；若有特殊情况不得不关闭此阀门时，必须先停止设备运转。

（2）电源

先确认接线情况、电源电压。

（3）手转确认

用手转动风机的皮带轮确认内部是否有异物，若掉进了异物则转动不灵活且有异常的声音产生。这时，必须拆卸配管，检查并清扫其内部异物。

注意：手转动风机时必须停机，切断电源，同时千万注意手指不能卷进皮带轮中去。

（4）确认回转方向

以皮带罩上箭头方向为准（指向电动机方向）。

（5）安全阀的调整

A. 缓慢调整排气阀门时排气压力增大到工作压力的 1.1 倍为止。

B. 松开安全阀的锁紧螺母，然后调整安全阀的螺栓到安全阀开始放气为止。

C. 拧紧安全阀的锁紧螺母。

D. 缓慢调整排气阀门，再确认安全阀是否在工作压力的 1.1 倍时开始放气。

E. 安全阀调整后，应将排气阀门全部开启。

注意：A. 安全阀用于保护风机，绝不能用于风量调整。

B. 安全阀常处于排气状态时有可能被损坏。检查安全阀是否排气时手指不能接触安全阀，以免发生烫伤事故。

（6）润滑油

A. 每三个月换油 1 次，若油脏了，则应提前更换。

B. 轴承润滑脂要用指定的润滑耐热油脂，每三个月加 1 次。

（7）排风机压力、电流值

确认运转状态时的排气压力、电机电流值在铭牌规定值以下。

A. 压力表开关除检查压力外，应处于关闭状态。

B. 电流值超过电机额定电流时，应立即停机检查原因，同时要考虑到吸入、排气侧的异常阻力和电机反转等情况。

（8）风量调节

罗茨风机为容积式风机，风量及电流随转速的增减而增减，在有必要调节风量时可以采取改变皮带轮尺寸的方法，但要考虑功率和噪声的增加。

2. 开风机

（1）自动开机

A. 控制开关旋至"自动"挡。

B. 当砂滤池水位下降到离砂面 25cm 时，由 PLC 程序控制自动开启风机。

（2）手动开机

A. 将控制开关旋至"手动"挡。

B. 开气冲阀。

C. 开出气阀。

D. 关滤池排气阀。

E. 开启风机。

3. 停风机

（1）自动停机

反冲洗时间达到程序设定时间时，由 PLC 控制自动关闭风机。

（2）手动停机。

A. 关闭气冲阀。

B. 关闭风机出气阀。

C. 停风机。

D. 将控制开关旋至"自动"挡，以便其进行自动反冲洗。

E. 开滤池排气阀。

4. 维护与保养

（1）风机累计使用 100h 时，需加注润滑脂（耐高温润滑脂、用黄油枪打入）。

（2）风机累计使用 600～800h 需更换齿轮油（220～460 号重负荷工业齿轮油）。

（3）风机空气滤清器根据情况 1 周～1 个月内清洗。

（4）三角带根据使用情况定期张紧。

1.3.6　V 型滤池的管理维护

在净水厂常规处理工艺中，滤池是去除浊度、悬浮杂质的最后一个精加工过程，是保证水质的把关性的重要环节。因此当设备型式已经选定的情况下，加强对快滤池的运行管理是充分发挥滤池净水效果和保证水质的关键。要搞好运行管理需抓好三个方面工作：一是对设备运行、技术状态定期进行测定分析，发现问题及时提出改进措施；二是按照运行管理操作规程进行规范性操作，对在运行中发生的各种故障进行分析处理；三是定期进行维修保养，并对设备进行技术改造。

1. 运行前的准备工作

（1）新投产的滤池，在未铺设承托层和滤料层前，应放压力水观察配水系统出流是否均匀，孔眼是否有堵塞现象，如果正常，可以按设计要求铺设承托层和滤料层。

（2）在运行前必须清除池内杂物，检查各部分管道阀门是否正常，滤料表面是否平整，初次铺设的滤料一般比设计厚度多加 3～5cm，以备细砂被冲走后保证设计要求的高度。

（3）凡是新铺设滤料的滤池，和曾被放空的滤池，应需排除滤层中空气。排除空气的方法：可以先开启末端放气阀后再缓缓放入冲洗水，水位直至与滤层面相平；同样也可以从排水槽进水排气，但须控制进水量，应缓缓洒下，直至与滤层面相平。

（4）未经洗净的滤料，至少需连续反冲洗 2 次，将滤料冲洗干净为止。

（5）放入一定浓度的氯水或漂粉液对滤池进行浸泡消毒，然后再冲洗后才可投入运行。

2. 投入正常运行

（1）为了保证正常运行，水厂必须根据设备条件和实际情况制订：水质标准、安全操作、岗位责任、交接班、巡回检查等制度与规程。

（2）在正常运行中，一般可按水浊度、滤速、反冲洗强度、初滤水浊度、滤料层厚度、滤池水头损失、运行周期来衡量滤池运行参数是否正常。

3. 反冲洗

滤池水头损失到规定值时，或滤后水浊度超过规定标准，必须进行反冲洗。反冲洗时，滤池水位应降到滤层面以上 10～20cm，然后按程序进行反冲洗，反冲洗应注意观察冲洗是否均匀，冲洗强度是否恰当，砂层膨胀率是否合适，滤料是否被冲走，冲洗完毕后的残存水是否干净等等，所有这些必须仔细观察并做好记录。

4. 冲洗完毕后，待砂层稳定复位后再开始运行。开始运行时要注意初滤水的水质。可以采取将初滤水排入下水道；控制冲洗结束时的排水浊度，降低过滤初期的滤速，在冲洗结束滤料复位后，继续以低速水反冲一定时间，以带走残存的浊度颗粒的方法予以改善。

1.3.7　滤池的保养和检修

1. 一级保养

一级保养为日常保养，需每天进行一次，由操作值班人员负责，主要内容包括：

（1）保持滤池池壁及排水槽的清洁，洗刷和清除滋生的藻类和其他污染物。

（2）各类阀门填料压盖漏水的校紧，滤池各种附属设备的正常维护。

（3）管廊保持清洁无积水，滤池周围环境整洁、卫生。

（4）各种设备仪表的维护。

（5）滤池、阀门、冲洗设备、电气仪表及附属设备的运行状况检查，传动部件的润滑保养。

2. 二级保养

二级保养为定期检修，一般按规定每月、每半年或每年进行 1 次。

（1）每月对阀门、冲洗设备、电气仪表及附属设备保养 1 次，并及时排除各类故障。

（2）每季测量 1 次砂层厚度，当砂层厚度下降 10％时，必须补砂且 1 年内最多 1 次。

（3）每年对阀门、冲洗设备、电气仪表及附属设备等检修 1 次或部分更换；铁件至少应作防腐处理 1 次。

（4）必要时，滤池放空检查，检查过滤及反冲洗后滤层表面是否平坦、裂缝出现多少，以及滤层四周有无脱离池壁现象，检测承托层是否移动。

（5）滤层中如发现有机物含量大可用液氯或漂白粉严重时可用盐酸或硫酸处理。处理前首先对滤料进行最大强度的冲洗，然后在滤料表面保持 10～15cm 的水深，并以每 $1m^2$ 滤池面积加入 1～5kg 工业硫酸或盐酸均匀地散布在滤池滤层上，在倾倒盐酸及硫酸时要特别注意安全，要佩戴胶皮手套、胶皮靴子和防毒面具。倾倒后每 3h 对滤料进行翻动一次，连续翻动 4 次，再静止放置 6～8h 后彻底冲洗。

3. 大修理

大修理为设备恢复性修理，应在年初制订计划，并安排在供水淡季由专业检修人员负责进行。

（1）滤池、土建构筑物、机械设备 5 年内必须进行 1 次大修，且当发生下列情况时必须即刻大修：

A. 滤层含泥量超过 3％。

B. 滤池冲洗不均匀，大量漏砂。

C. 过滤性能差，滤后水浊度超标。

D. 构件损坏等。

（2）滤池大修项目、内容应符合下列规定：

A. 检查滤料、承托层，按情况更换。

B. 检查、更换集水滤管、滤砖、滤板、滤头、尼龙网等。

C. 阀门、管道和附属设施进行恢复性检修。

D. 土建构筑物进行恢复性检修。

E. 行车及传动机械应解体检修或部分更新。

F. 钢制排水槽做防腐处理与调整。

G. 检查清水渠，清洗池壁与池底。

（3）滤池大修理质量应符合下列规定：

A. 滤池壁与砂层接触面的部位凿毛。

B. 滤池排水槽高差允许偏差为±3mm。

C. 滤池排水槽水平度允许偏差为±2mm。

D. 集水滤管或滤砖、滤头、滤板安装平整、完好、固定牢固。

E. 配水系统铺填滤料及承托层前进行冲洗，以检查接头紧密状态及孔口、喷嘴的均匀性，孔眼畅通率大于95%。

F. 滤料及承托层按级配分层铺填，每层平整、厚度偏差不大于10mm。

G. 滤料经冲洗后抽样检验，不均匀系数符合设计的工艺要求。

H. 滤料全部铺设后进行整体验收，经冲洗后的滤粒平整，并无裂缝和与池壁分离的现象。

I. 新铺滤料洗净后对滤池进行消毒、反冲洗然后试运行，待滤后水合格后方可投入运行。

J. 冲洗水泵、空压机、鼓风机等附属设施及电气仪表设备的检修应按相关规定要求进行。

（4）大修理的验收

滤池大修理后验收要严格，一般采取分阶段验收的方法：

A. 配水系统重新安装后应进行一次反冲洗以检查接头紧密状孔口、喷嘴的均匀性。

B. 在铺设滤料及承托层时要分层检查，以确保按规定的级配和层次铺设。

C. 滤料全部铺设后再进行整体验收，每次验收都要由负责操作的人员和主要技术人员与大修理人员共同参加并在验收记录上签字。

1.3.8 滤池运行中常见故障及排除方法

滤池的常见故障大多是由于运行不当、管理不善造成的，通常有以下故障：

（1）气阻

气阻表现为：当滤层中积聚大量空气，冲洗时有大量气泡自液面冒出。气阻可使滤池，水头损失增大，以致滤水量显著减少；甚至滤层出现裂缝和承托层被破坏，产生水流短路，降低出水水质或导致漏砂。

造成气阻的主要原因：一是滤池运行周期过长，水头损失过大，使砂面上的作用水头小于滤料损失水头，从而生产负水头，使水中逸出空气存于滤料中；二是滤池滤干后，未经反冲排气又再过滤，使空气进入滤层，反冲洗水塔内存水用完，空气随水进入滤层。

解决气阻现象产生的根本办法是不产生负水头。应及时调整工作周期，提高滤层上部水位在滤层滤干的情况下，可采用清水倒压，赶走滤层空气后，再进行过滤。也可采取加大滤层上部水深的办法，如池深已定的情况下，可采取调换表层滤料、增大滤料粒径的办法。这样可以降低水头损失值，以降低负水压的幅度。有时可以适当加大滤速，使整个滤层内截污比较均匀。

（2）滤层裂缝

造成裂缝的主要原因是滤层含泥量过多，且滤层中积泥不均匀，因此引起滤速也不均匀，裂缝多数产生在滤池壁附近，也有在滤池中部产生开裂的现象。产生滤层裂缝后，使一部分沉淀水直接从裂缝中穿过，直接影响过滤效果。

解决裂缝的办法首先要加强冲洗措施（适当提高冲洗强度、缩短冲洗周期、延长冲洗时间、设置表面冲洗设备），提高冲洗效果。使滤料层含泥量减少。同时要检查配水系统是否有局部受阻现象，一旦发现要及时检修。

（3）泥球、含泥量高

滤层出现泥球、含泥量高，会削弱滤层截泥能力会使整个滤层级配混乱，显著降低净水效果。滤层含泥量一般不能大于 3%。滤层出现泥球、含泥量高主要是由于长期冲洗不净，冲洗不均匀，冲洗废水未能排干净或待滤水浊度过高，日积月累残留的污泥相互粘结，使体积不断增大，再因水的紧压作用而变成不透水的泥球，其直径可达数厘米。泥球会阻塞砂层，或产生裂缝，并进而使出水水质恶化，直接影响滤池的正常运转。

为了防止泥球和含泥量过大，首先要从改善冲洗条件着手，要检查冲洗时砂层的膨胀程度和冲洗废水的排除情况，适当调整冲洗强度和冲洗历时，还需检查配水系统，看承托层有无移动，配水系统有无堵塞。有条件时可以采用表面冲洗和压缩空气辅助冲洗。如泥球和积泥情况严重，必须采用翻池更换滤料的办法，也可采用化学处理办法，例如用漂粉精（每 m^2 池面积 1kg 漂粉）或用液氯（每 m^2 池面积 0.3kg 液氯）浸泡 12h 以上，利用高浓度的氯水来破坏结泥球的有机物。浸泡后再进行反冲洗。

（4）滤层表面不平及喷口现象

当滤池表面砂层凹凸不平时滤池的过滤就会不均匀，甚至会影响出水水质。造成砂层表面不平的原因，可能是滤层下面的承托层及过滤系统有堵塞现象，大阻力配水系统有时会使部分孔眼堵塞，影响过滤的不均匀，滤速大的部分会造成砂层下凹；也有可能排水槽布水不均匀，进水时滤层表面水深度太浅，受水冲击而造成凹凸不平，如移动罩滤池，一端进水，有时进水端的一格长期被水流冲洗而造成下凹。移动罩滤池有时滤池格数多，一端进水，从第一格到最后一格距离长，落差较大，由于水平流速过大，水深又不大，会带动下面砂层，造成砂面高低不平。

针对上述情况必须翻整滤料层和承托层，检查、检修滤水系统及调整排水槽。

滤池反冲洗时如发现喷口现象（即局部反冲洗水似喷泉涌出），需观察确定喷口位置后，局部挖掘滤料层和承托层，检查滤水系统，发现问题及时修复。

（5）跑砂、漏砂现象

滤池出水中携带砂粒，并由于砂的流失影响正常运行。如果冲洗强度过大、滤层膨胀率过大或滤料级配不当，反冲洗时会冲走大量相对较细的滤料；特别当用煤和砂铺设双层滤料时，由于两种滤料对冲洗强度要求不同，往往以冲洗砂的冲洗强度来反冲煤层，相对细的白煤会被冲跑，随着冲洗废水从排水槽排出。另外，如果冲洗水分配不均匀，承托层会发生移动，从而进一步促使冲洗水分布不均匀，最后某一部分承托层被掏空，以致滤料通过配水系统漏失到清水池中去。如果出现以上情况，应降低冲洗强度，由于滤料级配不当，应更换滤料，承托层松动应及时停止池检修。

（6）水生物繁殖

在春末夏初和炎热季节，水温较高，沉淀水中常含有多种藻类及水生物的幼虫和虫卵，极易带到滤池中繁殖。这种生物的体积很小，带有黏性，往往会使滤层堵塞，如为了防止以上情况发生，最有效的办法是采用滤前加氯措施。如已经发生，应经常洗刷池壁和排水槽，杀灭水中的有害生物。可根据不同的生物种类，采用不同的氯的浓度。

（7）过滤效率降低，滤后水浊度不符合要求

这里指的过滤效率降低，是沉淀过滤后浊度的去除不能符合规定指标的要求，碰到这种情况首先要寻找产生的原因。常见的有以下几种情况：

A. 沉淀水的过滤性能不好，虽然浊度很低，但通过滤池以后，浊度下降较少，甚至进出水浊度基本接近，该种情况有效方法是投加适量的助滤剂以改变其过滤性能。使用助滤剂后，不但能改善过滤特性，而且还能适当提高滤速，降低絮凝剂加注量。但如果过滤周期过短，则须改变滤料组成或用双层滤料，以维持合适的运行周期。

B. 由于投加凝聚剂的量不适当，使沉淀水浊度偏高，根据已定的滤池滤料级配不能使偏高浊度降低到规定要求。在这种情况下，首先应该调整絮凝剂投加量，投加助滤剂也是应急措施之一。

C. 由于滤速控制设施不够稳定，砂面水经变动过多过急，出水阀门操作过快或过于频繁，会使滤池的滤速产生短期内突变，特别在滤料结泥较多时，由于滤速增加，水流剪力提高，会把原来吸附在滤料颗粒上的污泥重新冲刷下来，导致出水水质变坏。这种情况产生，不是由于滤料层本身引起，而是由于操作不当，使滤速在短期内突变而产生的。所以应当在操作上对上述情况予以避免。

（8）冲洗时排水水位涌高

有时由于冲洗强度控制不当，冲洗时水位会高过排水槽顶面，这样就出现漫流现象，使池面上排水不均；由于排水不均匀，所以滤层面出流不均匀，滤床中也会出现横向对流，滤料有水平移动产生；在这种情况下，由于局部上升流速过高，而使支承层发生水平移动，从而对支承层起破坏作用，由此引起影响滤后水水质不良的后果。

为了避免以上情况，一是在排水槽顶面标高设计时，要考虑滤料层在合适的冲洗强度下，膨胀以后的标高要在排水槽底部以下；另外在设计时使排水槽、排水总渠和排水管有足够的排水能力，如工艺、结构设计没有问题，那么要对冲洗强度予以控制。

为了使快滤池经常保持良好的运行状态，除了认真执行岗位责任制，必须定期对过渡的滤速和水头损失的逐时变化值、冲洗强度和滤层膨胀率、滤料表层的含泥率进行测定；并对所测数据进行分析，如发生异常情况，要找出原因，及时采取措施，记录在设备卡中，有的可作为安排检修计划的依据。

任务 2　虹吸滤池的运行管理

工程案例

某水厂有一个虹吸滤池共分 8 格，如图 5-5 所示。该虹吸滤池每格的池内净

尺寸为 4.2m×3.0m×5.0m（水深），每格滤面面积为 12.6m² ，整个虹吸滤池的最大处理水量为 1000m³/h，24h 运行。

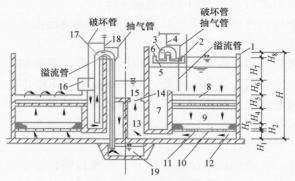

图 5-5 　虹吸滤池的构造

1—池体；2—进水渠；3—小虹吸进水管；4—进水管辅助虹吸系统；5—小虹吸水封井；6—进水堰；
7—集水井；8—排水槽；9—滤料层；10—承托层；11—双层孔板；12—配水室；13—清水室；
14—落水井；15—清水渠；16—计时水箱；17—大虹吸水管；18—排水管辅助虹吸系统；19—排水渠

2.1 　实训目的

虹吸滤池的进水和冲洗水的排出都是由虹吸完成的，因此称为虹吸滤池。虹吸滤池通常是由 6~8 格单元滤池所组成的一个过滤整体，称为"一组滤池"，平面形状多为矩形。通过本次实训任务，学生应能具备以下能力：

1．对虹吸滤池进行正确的运行操作。

2．掌握虹吸滤池运行的维护管理工作。

2.2 　实训内容

1．虹吸滤池的过滤操作。

2．虹吸滤池的操作。

3．虹吸滤池的管理维护。

2.3 　实训步骤与指导

2.3.1 　虹吸滤池的过滤操作

（1）向配水槽注水，使进水虹吸管形成水封。

（2）关闭破坏管封闭阀及强制破坏阀门。

（3）辅助虹吸管将进水虹吸管空气不断抽出，直到形成虹吸，开始工作。滤池进入运行状态。

（4）当滤池正常工作后，再打开破坏管封闭阀。

（5）检查出水水质并按规定时间，一般每小时观察并记录一次滤池水位，每两小时测定一次进出水浊度和水温。

2.3.2 　虹吸滤池的（自动）反冲洗操作

（1）滤池过滤过程后期，滤池内水位升高，排水辅助虹吸管的进口被淹没。

（2）水由辅助虹吸管流入排水渠。

（3）在抽气三通作用下，使排水虹吸管内水位上升，直至形成虹吸。

（4）排水虹吸形成后，滤池内水位迅速下降。

（5）当水位下降到接近排水槽上口时，清水即通过配水系统穿过滤层向上流动，开始形成冲洗。

（6）排水虹吸形成后，虹吸滤池内水位迅速下降，当降到进水虹吸管破坏管的管口以下之后，空气进入进水虹吸管，虹吸被破坏，即停止进水。

（7）排水虹吸形成后，滤池内水位下降到计时水箱的上沿时，箱内的水开始被破坏管吸出，水位下降。经一定时间，破坏管的管口露出，空气进入排水虹吸管，虹吸被破坏，冲洗停止。

（8）冲洗停止后，滤池内水位逐渐回升，当水位淹没进水虹吸破坏管的下水口时，进水口被封住。由于进水辅助虹吸管及抽气三通的作用。将进水虹吸管内空气不断抽走又形成虹吸，从而恢复进水。

2.3.3　虹吸滤池的强制操作

1. 强制虹吸排水

（1）打开强制辅助虹吸管上阀门就可使排水虹吸管形成虹吸进行冲洗。

（2）冲洗停止后关闭阀门。

2. 强制破坏进水虹吸

（1）打开强制破坏阀门使进水虹吸破坏。

（2）打开强制辅助虹吸管上阀门。

3. 强制进行虹吸

一般情况下都能自动形成虹吸，如需强制虹吸，可用胶管临时将强制虹吸与进水虹吸抽气管联通，并同时打开强制辅助虹吸管上阀门及强制破坏阀门。当虹吸形成后应关强制辅助虹吸管上阀门及强制破坏阀门。

2.3.4　虹吸滤池的管理与维护

1. 滤池管理的工作标准

（1）根据进水量和沉淀出水浊度适当控制滤速、保证滤后出水水质。

（2）每1～2h观察1次进、出水浊度、pH值、余氯、水头损失，正确记录或填写生产日报表。

（3）负责滤池的启闭、冲洗及各项事故的排除。

（4）做好一级保养、配合好二级保养和参与滤池大修理工作。

（5）了解一、二级泵站和前后工序运行状况，及时调整有关操作。

（6）掌握滤池生产中各有关数据，按规定进行滤池定期运行测定。

（7）保持池子表面清洁，定期洗刷池壁和排水槽。

（8）严格执行交接班制度和巡检制度。

2. 滤池管理人员的巡回检查制度

（1）每1～2h对整个滤池进行1次巡回检查。

（2）检查砂面水位，防止滤干、溢水事故，注意沉淀池、清水池、水塔水位情况和出水阀开启度。

（3）检查冲洗泵、排水泵及其他附属设施有无异常。

3. 虹吸滤池还应定期作如下检查

（1）检查进水、排水虹吸是否正常。

（2）检查进出水堰板是否能按设计位置就位。

（3）检查排空阀是否关闭严密。

（4）检查所有的真空虹吸系统和仪表是否正常。

任务 3 普通快滤池的运行管理

工程案例

某水厂有一个普通快滤池共分 12 格，如图 5-6 所示。该普通快滤池每格的池内净尺寸为 9.0m×12.0m×3.23m（水深），每格滤面面积为 84m^2，整个普通快滤池的最大处理水量为 10080m^3/h，24h 运行。

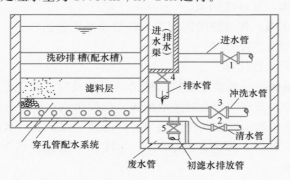

图 5-6 普通快滤池的构造

快滤池的基本构造包括池体、滤料、承托层、配水系统和反冲洗装置等几部分。工艺过程都是过滤、反冲洗两个基本阶段交替进行。

3.1 实训目的

通过本次实训任务，学生应能具备以下能力：

1. 了解普通快滤池的工作原理。

2. 掌握普通快滤池正确的运行操作。

3. 熟悉普通快滤池维护管理。

3.2 实训内容

1. 普通快滤池的过滤操作。

2. 普通快滤池的反冲洗操作。

3. 普通快滤池的管理和维护。

3.3 实训步骤与指导

3.3.1 普通快滤池的过滤操作

1. 打开待滤水阀。

2. 当待滤水水位上升到洗砂排水槽上缘时，慢慢打开过滤出水阀，直到滤后水浊度达到要求才完全打开过滤出水阀。

3. 按要求填写好运行原始记录。

3.3.2 普通快滤池的反冲洗操作

1. 关闭待滤水阀。

2. 待滤池水位下降到滤料面上 10～20cm 时，关闭过滤出水阀。

3. 打开排水阀。

4. 打开反冲洗水阀。

5. 冲洗 5～7min，待反冲洗水的浊度下降到 10～20NTU 时，关闭反冲洗水阀。

6. 关闭排水阀，反冲洗结束。

7. 打开待滤水阀，按过滤时的要求，恢复滤池正常运转。

3.3.3 普通快滤池的管理维护

1. 滤池管理的工作标准

（1）应该时刻保持滤池池壁及排水槽清洁，并及时清除生长的藻类。经常注意滤料的清洁程序，发现问题及时采取措施，确保出水水质符合要求。

（2）根据进水量和沉淀出水浊度适当控制滤速、保证滤后水质。

（3）每 1～2h 观察 1 次进、出水浊度、pH 值、余氯、水头损失，正确记录或填写生产日报表。

（4）负责滤池的启闭和冲洗及各项事故的排除。

（5）做好一级保养、配合好二级保养和参与滤池大修理工作。

（6）了解一、二级泵站和前后工序运行状况，及时调整有关操作。

（7）掌握滤池生产中各有关数据，按规定进行滤池定期运行测定。

（8）保持池子表面清洁，定期洗刷池壁和排水槽。

（9）严格执行交接班制度和巡检制度。

（10）各种闸阀或水泵应经常维护，保证开启正常，应经常检查滤头或配水孔眼是否堵塞并及时清洗。

（11）定期放空滤池进行全面检查。

2. 滤池管理人员的巡回检查制度

（1）每 1～2h 对整个滤池进行 1 次巡回检查。

（2）检查砂面水位，防止滤干、溢水事故，注意沉淀池、清水池、水塔水位情况和出水阀开启度。

（3）检查冲洗泵、排水泵及其他附属设施有无异常。

3. 出现以下情况时，滤池应停止运行进行大修

（1）当滤池已连续运行 10 年以上。

（2）滤池含泥量显著增多，泥球过多并且靠改善冲洗已无法解决。

（3）冲洗后砂面凹凸不平，砂层逐渐降低，出水中携带大量砂粒。

（4）砂面裂缝太多，甚至已脱离池壁。

（5）配水系统堵塞或管道损坏，造成严重冲洗不匀等情况。

4．滤池大修内容

（1）将滤料取出清洗，并将部分予以更换。

（2）将承托层取出清洗，损坏部分予以更换。

（3）对滤池的各部位进行彻底清洗。

（4）对所有管路系统进行完全检查修理，水下部分做防腐处理。

项目 6　深度处理系统的运行管理

【项目实训目标】　深度处理是指在常规处理工艺基础上，位于常规处理之后，通过采用适当的处理方法，将常规处理工艺难以去除的有机污染物或消毒副产物的前体物加以去除的工艺。

目前应用较多的深度处理技术有活性炭吸附、臭氧氧化、臭氧活性炭联用，生物活性炭、膜过滤技术等。各种深度处理方法的基本作用原理主要是：吸附、氧化、生物降解和膜滤等，即利用吸附剂的吸附能力可去除水中溶解性有机物（如活性炭技术）；利用氧化剂的强氧化能力可分解水中有机物（如臭氧技术）；利用生物氧化法降解水中有机物（如生物活性炭技术）；利用滤膜的筛分作用滤除有机物（如膜分离技术）。有时两种作用又能同时发挥，共同去除有机物，如臭氧活性炭联用技术即发挥了氧化和吸附两种作用机制。通过实训项目，学生应能具备以下几方面能力：

1. 了解臭氧加生物活性炭工艺净水构筑物的组成和构造。
2. 臭氧加生物活性炭工艺净水构筑物的运行操作。
3. 臭氧加生物活性炭工艺净水构筑物运行的维护管理工作。

任务 1　主臭氧接触池的运行管理

工程案例

某水厂的主臭氧接触池分为独立的 6 格。单池尺寸为 $36.7m \times 10m \times 6m$（水深），每格设置单独的 $DN1400$ 进水管、相应流量计和放空管，臭氧扩散系统采用微孔曝气盘曝气的形式，如图 6-1 所示。总出水渠通过 4 条混凝土渠直接与炭滤池待滤水总渠连接。设计臭氧投加量为 $1.0 \sim 2.5mg/L$，剩余臭氧规定为 $0.2 \sim 0.4mg/L$；投加线：1 线/池，每条投加线设了 3 个投加点，3 个点臭氧投加比例顺水流方向依次为投加量的 60%、20%、20%；接触池内设计接触时间 $\geqslant 10min$。

主臭氧接触反应系统主要设计参数：

投加量：$1.0 \sim 2.5mg/L$；

投加线：1 线/池（共 6 线并联运行）；

运行方案：日处理水量 $\leqslant 85$ 万 m^3，运行 4 组池；

　　　　　85 万 $m^3/d <$ 处理水量 $\leqslant 95$ 万 m^3/d 时，运行 5 组池；

处理水量 > 95 万 m^3/d 时，运行 6 组池；

接触池有效水深：6m；

水中余臭氧要求：0.2～0.4mg/L；

臭氧投加：每条投加线设3个投加点，3个点臭氧投加比例顺水流方向依次为投加量的60％（40％～80％可调），20％（10％～30％）可调，20％（10％～80％）可调；

臭氧转移效率：≥95％。

1.1　实训目的

通过本实训任务，学生应能具备以下能力：

1. 熟悉预臭氧接触的工作原理。

2. 对预臭氧接触池进行正确的运行操作。

3. 掌握预臭氧接触池的运行及维护管理的注意事项。

1.2　实训内容

1. 主臭氧接触池的运行操作。

2. 主臭氧接触池的日常管理与维护。

1.3　实训步骤与指导

1.3.1　主臭氧接触池的运行操作

在主臭氧接触系统调试开始之前，主臭氧接触池中必须充满水，并且流经接触池的水量不能低于接触池设计最小流量（每组池6250m³/h）。每一组反应池按如下步骤进行调试：

1. 检查压力安全阀PSV451-1，保证该阀能正常动作。

2. 打开臭氧投加支管上手动阀V411-1、V421-1、V431-1。

3. 打开臭氧投加支管上手动控制阀HCV411-1、HCV421-1、HCV431-1。

4. 打开臭氧输气分管上手动阀V413-1。

5. 调节手动阀HCV411-1、HCV421-1、HCV431-1，使臭氧气体流量达到最大流量。

6. 调试气体流量控制系统和自动流量控制阀FCV413-1达到设计所需的投加量。

同理，另外各组反应池按同样的步骤进行调试。

1.3.2　主臭氧接触池的管理维护

1. 臭氧接触池维护管理

主臭氧接触池体为密封结构，正常运行时内部无法进行观察，如图6-1所示。需要巡检的关键内容是臭氧接触池的附属设备，一般每隔1～2h巡检一次，主要包括：（1）取样管是否持续出水，有无异味；（2）水质仪表和流量计显示是否正常，坑底泵运行是否正常；（3）臭氧安全阀是否打开，有无臭氧气味；（4）臭氧投加流量计是否符合总量；（5）温度仪表显示是否在正常范围内以及与臭氧接触

图 6-1　主臭氧接触池的臭氧曝气布气管路及曝气盘

池相关的液氧储存设备、臭氧发生系统运行是否正常、有无破损和异响、各项技术参数是否在正常范围内；(6) 接触池出水端应设置余臭氧监测仪臭氧工艺需保持水中剩余臭氧浓度在 0.1~0.5mg/L。

2. 臭氧接触池清洗制度

(1) 臭氧接触池放空清洗前必须确保进气管路和尾气排放管路已切断。

(2) 切断进气管路和尾气排放管路之前必须先用空气将布气系统及池内剩余臭氧气体吹扫干净或停止臭氧投加一段时间，并检测到池内空气中臭氧浓度低于 0.1mg/L 后才能进入池内，清洗的同时需采取必要的通风措施，且池外必须要设置专人监护。

(3) 水厂每两年需对主臭氧接触池放空清洗 1 次。放空清洗时检查池内布气管路是否松动移位，曝气盘是否堵塞，并重新调整布气管路和清洗曝气盘。对池内壁、池底、池顶、伸缩缝、入孔密封圈、池内不锈钢爬梯、压力安全阀、观察窗等进行检查。清洗后，洗池水应排干。在恢复运行前，主臭氧接触池应进行消毒处理。

对臭氧接触池检查、清洗、消毒后，应对池内检查、清洗、消毒过程及前后情况做好记录，填写《主臭氧接触池检查、清洗、消毒记录表》，见表 6-1。

主臭氧接触池检查、清洗、消毒记录表　　　　　　　　　　　　　　表 6-1

序号	检查内容		情况描述
1	清洗前池内情况检查	池壁及池底有无积泥沙、贝类等	
		池内壁、池底、池顶及伸缩缝情况	
		不锈钢爬梯有否松动、入孔密封胶圈有否老化破损、观察窗有否漏水等	
		安全压力阀、尾气消泡器等设备是否有堵塞、泄漏等	
		布气管路是否松动移位，曝气盘是否堵塞	
2	清洗后池内情况检查	池壁及池底有无积泥沙、贝类等，洗池水是否排干	
		曝气盘是否堵塞	

续表

序号	检查内容		情况描述
3	主臭氧接触池消毒	消毒剂名称	
		消毒剂消耗量(kg)	
		消毒时间(min)	
		消毒水排放	
		恢复运行时间	

详细记录：

3. 臭氧尾气处置应符合下列规定

（1）臭氧尾气消除装置应包括尾气输送管、尾气中臭氧浓度监测仪、尾气除湿器、抽风烟机、剩余臭氧消除器以及排放气体臭氧浓度监测仪及报警设备等。

（2）臭氧尾气消除装置的处理气量应与臭氧发生装置的处理气量一致。抽气风机宜设有抽气量调节装置，并可根据臭氧发生装置的实际供气量适时调节抽气量。

（3）定时观察气体臭氧浓度监测仪，要求尾气最终排放臭氧浓度不高于 0.1mg/L。

任务 2　生物活性炭滤池的运行管理

工程案例

某水厂生物活性炭滤池采用 V 型滤池的形式。其设计参数如下：

1. 炭滤池设计最大处理水量为 100 万 m^3/d，24h 运行。

2. 滤面：单池滤面为 $91m^2$，共设 4 区，各分区滤面合计 $1092m^2$，总滤面 $4368m^2$。

3. 滤速：设计正常滤速（平均）为 8.80m/h，强制滤速（以全部炭滤池中同时有一格反冲洗，三格停池维修，其余运行计）为 10.62m/h。

4. 滤料层厚度：柱状活性炭炭层厚度为 2m，石英砂垫层厚度为 0.5m，正常滤速时水体与炭层接触时间为 12.6min。

5. 出水水质：<0.2NTU；$\geqslant 0.2\mu m$ 的颗粒<50 个/mL。

6. 设计反冲洗水强度为 $10\sim42m^3/(m^2 \cdot h)$，气冲强度 $8\sim12L/(m^2 \cdot s)$，表面推流强度 $1.8L/(m^2 \cdot s)$。

7. 冲洗周期 $4\sim7d$。

2.1　实训目的

通过本次实训任务，学生具备以下能力：

1. 对生物活性炭滤池进行正确的运行操作。

2. 对生物活性炭滤池运行进行维护和管理工作。

2.2 实训内容

1. 生物活性炭滤池的过滤操作。

2. 生物活性炭滤池的反冲洗操作。

3. 生物活性炭滤池的管理维护。

2.3 实训步骤与指导

2.3.1 生物活性炭滤池的过滤操作

具体的操作顺序如下：

（1）洗结束后，关闭水冲阀和水泵出水阀，停水泵，关闭排污阀。

（2）水位达到设计过滤水位（100cm）时，将滤池状态转入自动滤水，打开滤池出水阀。

（3）按要求填写好运行原始记录。

（4）调节过滤出水阀的开度，使滤池水面保持在滤料表面 1.0～1.5m 左右。

（5）每小时检查滤池滤后水的浊度、余氯、pH 值。

（6）定期检查滤池滤料有无出现"泥毯"或"结泥球"现象，还要观察滤池有无出现藻类现象。

2.3.2 生物活性炭滤池的手动反冲洗操作

1. 具体的操作顺序

（1）将炭滤池转为本地控制，关闭进水阀，出水阀开启度调节为 35°。

（2）水位下降到离砂面 25cm 时，关闭出水阀，关闭排气阀，同时开启排污阀，开启气冲阀和风机出口气阀。

（3）在提升配电房现场开启风机，调节风机频率为 40Hz，气冲强度约 9L/（m^2·s），单独气洗 4min。

（4）停风机，开启排气阀，关闭气冲阀，开启水冲阀，启动 1 台水泵反冲洗，待水泵稳定后，开启水泵出水阀。调节单水泵频率为 40Hz，水冲强度 8L/（m^2·s），单泵水洗 1.5 min。

（5）再开启 1 台水泵，待水泵稳定后，开启水泵出水阀。调节双水泵频率各为 40Hz，水冲强度 12L/（m^2·s），双泵水洗 3.5min。

（6）关闭步骤（4）所开启水泵的出水阀，再停该泵。进水阀打到半开表面扫洗强度为 1.8L/（m^2·s），按照步骤（4）再进行单泵水洗 3min。

（7）关闭水泵出水阀，然后关闭水冲阀，开启排气阀，关闭水泵。

（8）关闭排污阀，进水阀处于半开状态。

（9）水位达到设计过滤水位（160cm）时，将炭滤池状态转入自动滤水。

（10）打开炭滤池出水阀。

2. 需要注意

（1）反冲洗前确保其他炭滤池的气冲阀和水冲阀关闭。

（2）反冲洗前确保提升泵站排水池水位不高于 1.5m，才能进行反冲洗。

（3）风机开启前要将出气阀和气冲阀全部打开。

（4）水泵开启前可先开启水冲阀，但要开启水泵并稳定后，再打开水泵出水阀。

2.3.3 炭滤反冲洗泵组操作

1. 开机前准备工作

确认机组就地控制柜上就地-远动选择开关置于远控位置，各控制开关已合上并送电至控制设备，水泵机组各机械部分均正常。

图6-2 生物活性炭滤池（反冲洗状态）

2. 开反冲洗泵操作

（1）自动开泵

A. 控制开关旋至"自动"挡。

B. 当砂滤池水位下降到离砂面25cm时，水泵由PLC程序控制自动开启，稳定后自动开启出水阀，进行反冲洗，如图6-2～图6-4所示。

（2）手动开泵

A. 将控制开关旋至"手动"挡。

B. 开水冲阀。

C. 按下"反冲洗泵启动按钮"，开启水泵。

D. 稳定以后按下"气动阀门开阀按钮"。

图6-3 生物活性炭滤池管廊

3. 停反冲洗泵操作

（1）自动停泵

反冲洗时间达到程序设定时间，由PLC控制自动关闭水冲阀和水泵出水阀，停水泵。

（2）手动停泵

A. 关闭水冲阀。

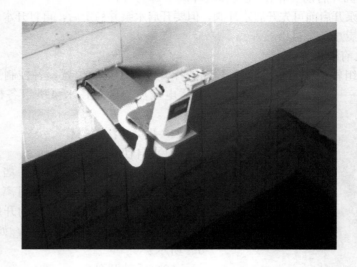

图 6-4　生物活性炭滤池超声波液位计

B. 关闭水泵出水阀。

C. 停泵。

D. 将控制开关打回"自动"挡，以便其进行自动反冲洗。

4. 注意事项

（1）当以"手动"方式开、停水泵以后，要将控制开关打回"自动"挡，以便可以由远程控制进行自动反冲洗。

（2）开启水泵过程中如果故障指示灯亮，应停泵检查，排除故障后方可开机。

（3）水泵运行中，注意轴承温度不应超过外界温度 35℃，最高不可超过 85℃。

（4）运行时密切注意泵组的振动、声响，发现异常情况立即停泵检查。

（5）当水泵达到规定转速时，压力表显示相应的压力，然后打开真空计旋塞，并逐渐打开排水管道上的闸阀，调整到需要的压力为止。

（6）停止水泵时，要慢慢关闭闸阀和真空计旋塞，然后停止电动机，并关闭压力旋塞。若所处环境温度较低时，应将泵体下方的旋塞打开，放出泵内余水，以免冻裂。

（7）定期检查弹性联轴器。

（8）定期检查轴承油位、油色，有无漏油现象。如出现釉质变黑应及时更换。

（9）水泵运行过程中应进行周期性检查。叶轮与密封环间的间隙磨损过大时，应更换叶轮密封环。

（10）当长期停止使用水泵时，应将水泵拆开，擦干零件上的水，并在加工面上涂防锈油，妥善保存。

2.3.4　炭滤反冲洗机房空气压缩机操作

1. 安全预防

如果压缩机安装在室外或空气进气温度低于 0℃，必须采取防范措施。

2. 启动

（1）打开出口阀。

（2）接通电源。

（3）关闭冷凝排污阀。

（4）按下启动按钮，压缩开始运转，自动操作指示灯亮起。

（5）控制器将自动根据空气压力来停止和启动压缩机模块。

（6）对于 SF Full-feature 全性能机组，额定压力露点将在几分钟后到达。

注：压缩机每小时最多启动次数为 30 次。

3. 运行检查

（1）检查启动和停止压力是否正常。

（2）全性能机组检查压力露点。

（3）检查运行中出口处冷凝水的自动排放是否正常。

4. 停机

（1）按下停止按钮，所有压缩机模组将停止运行。

（2）关闭电源。

（3）关闭出口阀。

（4）打开疏水阀。

2.3.5　反冲洗机房罗茨风机操作

1. 风机运转前检查项目

（1）配管部分

A. 检查配管连接部位是否坚固完好。

B. 阀门全部开启，以防止压力瞬间上升过高。

注意：严禁关闭吸入侧阀门；若有特殊情况不得不关闭此阀门，必须停止设备运转。

（2）电源

先确认接线情况、电源电压。

（3）手转确认

用手转动风机的皮带轮，确认内部是否有异物，若掉进了异物，表现为转动不灵活，且有异常的声音产生。这时必须拆卸配管，检查并清扫其内部。

注意：手转动风机时必须停机，切断电源，同时千万注意手指不能卷进皮带轮中去。

（4）确认回转方向

以皮带罩上箭头方向为准（指向电动机方向）。

（5）安全阀的调整

A. 缓慢调整排气阀门时，排气压力增大到工作压力的 1.1 倍为止。

B. 松开安全阀的锁紧螺母，然后调整安全阀的螺栓到安全阀开始放气为止。

C. 拧紧安全阀的锁紧螺母。

D. 缓慢调整排气阀门，再确认安全阀是否在工作压力的 1.1 倍时开始放气。

E. 安全阀调整后，应将排气阀门全部开启。

注意：a. 安全阀用于保护风机，绝不能用于风量调整。

b. 安全阀常处于排气状态时有可能被损坏。检查安全阀是否排气时手指不能接触安全阀,以免发生烫伤事故。

(6) 润滑油

A. 每3个月换油1次,若油脏了,应提前更换。

B. 轴承润滑脂要用指定的润滑耐热油脂,每3个月添加1次。

(7) 排风机压力、电流值

确认运转状态时的排气压力、电机电流值在铭牌规定值以下。

A. 压力表开关除检查压力时外,应处于关闭状态。

B. 电流值超过电机额定电流时,应考虑到吸入、排气侧的异常阻力和电机反转等情况,应立即停机检查原因。

(8) 风量调节

罗茨风机为容积式风机,风量及电流随转速的增减而增减,在有必要调节风量时可以采取改变皮带轮尺寸的方法;但要考虑到功率和噪声的增加。

2. 开风机

(1) 自动开机

A. 控制开关打到"自动"挡。

B. 当砂滤池水位下降到砂面以下25cm时,由PLC程序控制自动开启风机。

(2) 手动开机

A. 将控制开关打到"手动"挡。

B. 开气冲阀。

C. 开出气阀。

D. 关滤池排气阀。

E. 开启风机。

3. 停风机

(1) 自动停机

反冲洗时间达到程序设定时间,由PLC控制自动关闭风机。

(2) 手动停机

A. 关闭气冲阀。

B. 关闭风机出气阀。

C. 停风机。

D. 将控制开关打回"自动"挡,以便其进行自动反冲洗。

E. 开滤池排气阀。

4. 维护与保养

(1) 风机累计使用100h需加注润滑脂(耐高温润滑脂、用黄油枪打入)。

(2) 风机累计使用600~800h需更换齿轮油(220~460号CKD)。

(3) 风机空气滤清器根据情况定期清洗(1周~1个月内)。

(4) 三角带根据使用情况定期张紧。

2.3.6 生物活性炭滤池的管理维护

1. 运行前的准备:新购入或经再生处理过的粒状炭刚放入滤池中,不能立即投入运行,应先用出厂水充分浸渍,并做数次反冲洗后再使用。其目的是去除炭粒中的杂物，将炭粒孔隙中的空气置换出来，确保吸附能力的充分发挥。经长期保存后重新使用的炭亦应如此处理。

2. 防止炭粒滤料的流失：

（1）为防止在使用和反冲洗过程中炭粒的流失，必须对反冲洗操作方法严格控制。反冲洗开始时，阀门的开启速度不能太快，应缓慢进行，从开启至全开需要多少时间，要通过实际运行来决定。

（2）反冲洗阀门的开启控制建议如下：

A. 表面冲洗阀：全开启 3min（当有表面冲洗时）。

B. 底部反冲洗阀：反冲洗前半段：开启 1/2，3min；反冲洗后半段：全开启，7min。

C. 反冲洗强度和表面冲洗强度要互相配合，避免同时将阀门开至最大，造成吸附材料炭粒流失。

3. 及时更新和再生活性炭：

（1）必须对活性炭的吸附能力做经常、定期的测定。对于每一批新炭更应做各项测定，以核查产品规格性能是否符合规定。活性炭的吸附能力主要是测定碘值和亚甲蓝值指标。当碘值小于 600mg/g、亚甲蓝值小于 85mg/g 时，即被认定为失效，必须更换新炭，否则将影响出水水质。见表 6-2：

活性炭的吸附能力主要是测定碘值和亚甲蓝值指标　　　　　　　表 6-2

测定项目	表层（mg/g）	中层（mg/g）	底层（mg/g）
碘吸附值（mg/g）	≤600	≤610	≤620
亚甲蓝吸附值（mg/g）	≤85	—	≤90

（2）活性炭的再生周期取决于吸附前水质和活性炭商品质量。一般在新炭使用后 1～1.5 年定期取出再生，再生后的活性炭规格及吸附特性必须达到表 6-3 的性能要求。

炭规格及吸附特性　　　　　　　　表 6-3

规格及吸附特性	碘值（mg/g）	亚甲蓝（mg/g）	强度（%）	水分（%）	粒度占有（%）			
					mm >2.75	mm 1.5～2.75	mm 1～1.5	mm <1
	≥750	≥100	>80	<5	<0.5	>89	<9	<1.5

4. 活性炭滤池冲洗水宜采用活性炭滤池的滤后水作为冲洗水源。

5. 冲洗活性炭滤池时，排水阀门应处于全开状态，且排水槽、排水管道应畅通，不应有壅水现象。

6. 活性炭滤池初用或冲洗后进水时，池中的水位不得低于排水槽，严禁滤料暴露在空气中。

2.3.7　应加强活性炭滤池进行生物指标检测，并确保出水生物安全性

活性炭滤池作为水厂深度处理工艺的最后一级处理，对提升出厂水水质及确保出厂水安全性起着非常重要的作用。因此，日常运行中必须定期对其运行状态进行巡检与检测。

1. 巡检

在活性炭滤池自动运行条件下，为确保滤池运行安全，应合理安排对活性炭滤池的巡检，尤其是针对滤池反冲洗的旁站观察。为确保洗池质量，每个活性炭滤池每周均应进行不少于 1 次的旁站观察，并及时将旁站观察结果做好记录。旁站观察的内容应包括最基本几项：自动冲洗的滤池是否按程序洗池，反冲洗前后滤层表面平整情况、积泥情况，运行水位情况，反冲洗配水配气均匀情况，反冲洗时间及强度情况，滤料层和支撑层是否有紊乱、乱层及滤料流失情况，反冲洗效果，阀门启闭和密封情况，有无渗漏，配水和配气支管是否有穿孔现象等。

反冲洗过程中应特别注意结合反冲洗操作步骤进行观察，若发现异常情况，应立即停池做好记录，并报水厂有关负责人检查处理。在确认滤池存在问题后，必须立即上报相关技术部门。

2. 检测

活性炭滤池的检测内容详见《活性炭滤池检测项目表》，见表 6-4。对应不同项目的检测频率按照表中的规定进行，检测内容包括常规检测项和全面检测项，常规检测项一般要求每个滤池每半年检测 1 次，全面检测项一般要求每个滤池每年检测 1 次。

活性炭滤池检测项目表　　　　　　　　表 6-4

序号	检测项目	检测值	检测日期	去年上次检测值	去年上次检测日期	说明：（1）～（14）项为常规检测项，每个池每年不少于 2 次；（15）～（27）项为全面检测项，每个池每年不少于 1 次。详细记录：
1	待滤水浊度(NTU)					
2	初滤水浊度(NTU)					
3	滤后水浊度(NTU)					
4	滤前水臭氧(mg/L)					
5	滤后水臭氧(mg/L)					
6	反冲洗水 1min 浊度(NTU)					
7	反冲洗水 5min 浊度(NTU)					
8	反冲洗末浊度(NTU)					
9	平均冲洗周期(h)					
10	检测前的运行时间(h)					
11	滤速(m/h)					
12	气反冲洗时间(min)					
13	水反冲洗时间(min)					
14	气水反冲洗时间(min)					
15	气反冲洗强度$[L/(s \cdot m^2)]$					
16	水反冲洗强度$[L/(s \cdot m^2)]$					
17	气水反冲洗时水强度$[L/(s \cdot m^2)]$					
18	气水反冲洗时气强度$[L/(s \cdot m^2)]$					
19	表面扫洗时间(min)					
20	表面扫洗强度$[L/(s \cdot m^2)]$					
21	膨胀率(%)					
22	滤层含泥量(%)					

续表

序号	检测项目	检测值	检测日期	去年上次检测值	去年上次检测日期	说明：(1)～(14)项为常规检测项，每个池每年不少于 2 次；(15)～(27)项为全面检测项，每个池每年不少于 1 次。详细记录：
23	碘值(mg/g)					
24	亚甲蓝值					
25	苯酚吸附值					
26	pH					
27	粒径：(目标值)＞ 2.5mm ≤2% 2.5～1.5mm ≥87% 1.5～1.0mm ≤10% ＜ 1.0mm　≤1%					

活性炭滤池滤面情况检查根据《滤池滤面平整情况及滤料厚度检查表》（表 6-5）中的要求进行，一般每季度检查 2 次。

滤池滤面平整情况及滤料厚度检查表　　　　　表 6-5

池(格)号	检查情况	池(格)号	检查情况
	滤面：		滤面：
	滤面厚度：		滤面厚度：
	滤面面：		滤面面：
	滤面厚度：		滤面厚度：
	滤面面：		滤面面：
	滤面厚度：		滤面厚度：
	滤面：		滤面：
	滤面厚度：		滤面厚度：
	滤面面：		滤面面：
	滤面厚度：		滤面厚度：
	滤面面：		滤面：
	滤面厚度：		滤面厚度：
	滤面：		滤面面：
	滤面厚度：		滤面厚度：
	滤面面：		滤面面：
	滤面厚度：		滤面厚度：
	滤面面：		滤面：
	滤面厚度：		滤面厚度：
	滤面面：		滤面面：
	滤面厚度：		滤面厚度：

详细记录：

注："滤面"是描述砂滤池砂滤料层表面是否平整、积泥情况。

检测完毕应及时做好记录，发现异常情况必须立即报水厂有关负责人检查处理。

活性炭滤池每年需放空检查 1 次，检查时对滤池内积泥及其他积累杂质进行必要的清洗。检查完成后恢复运行前需进行反冲洗，并及时填写《炭滤池放空检查记录表》（表 6-6）。

炭滤池放空检查记录表　　　　　　　　表 6-6

序号	检 查 内 容	情 况 描 述
1	池底水是否排干	
2	池底排水含泥状况	
3	滤料表面及内部积泥及其他杂质情况	
4	池底滤料流失情况	
5	滤柄布气孔堵塞及破损情况	
6	滤柄断裂情况	
7	进水滤网完好情况	

详细记录：

项目7　消毒的运行

【项目实训目标】　在给水处理中，消毒的目的是，杀灭水中对人体健康有害的绝大部分病原微生物，包括细菌、病毒、原生动物的孢囊等，以防止通过饮用水传播疾病，消毒是给水处理中必不可少的环节。地面水经混凝、沉淀、过滤后，水中杂质、菌类以及病毒等已被大部分去除，但滤后水仍可能存在数量不等的致病菌或病毒，容易造成水致疾病的传播。消毒意味着消灭其潜在的致病感染性，使其降低到不造成疾病和满足人类健康的程度。通过实训项目，学生应能具备以下几方面能力：

1. 进行氯和臭氧消毒的运行操作。
2. 掌握氯和臭氧消毒投加设备运行的维护管理工作。

任务1　氯消毒的运行

工程案例

某水厂的工艺流程如图 7-1 所示：

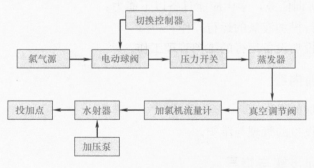

图 7-1　液氯消毒工艺流程框图

该水厂所使用的投氯机是美国 W&T 公司的 V2000 型真空式流量配比加氯机，如图 7-2 所示。其中 9 台的单机投加量为 60kg/h，5 台的单机投加量为 40kg/h，一共 14 台，总投加能力为 740kg/h。设备运行稳定，机械故障率低。当水射器产生真空通过控制柜传到真空调节阀时，阀门自动打开，压力气体为真空气体，由于系统为全真空运行，如遇真空破坏，真空调节阀将自动关闭，截断气源，不会出现漏氯的危险情况。

投氯机可以按需要定量地投加氯气，投氯机内全真空运行，部件小量破裂，

图 7-2　加氯机组

氯气不会逃逸，安全性高。如果泄漏量大，真空调节器会自动关闭，阻止氯气泄漏。多个部件有弹簧等防止水流倒灌装置，防止水分进入设备，损坏加氯机。真空放泄阀控制设备内真空度不会超过 1473mm 水柱，防止氯气用完，一旦切换器失灵时，放泄部分真空，保证不会损坏加氯机。加氯机 SCU 流量配比自动控制器能够接受 4～20mA DC 控制信号自动达到所需投加量，并且能将当时的投加量通过 4～20mA DC 反馈于 PLC 监控系统。

1.1　实训目的

通过本次实训任务，学生应能具备以下能力：

1. 正确进行投加液氯的运行操作。
2. 掌握氯投加设备运行的维护管理工作。

1.2　实训内容

1. 液氯投加的操作。
2. 氯投加设备的管理与维护。

1.3　实训步骤与指导

投氯系统安全使用操作由以下操作组成：

1. 液氯收货及进、出库操作。
2. 氯气压力自动切换器操作。
3. 液氯蒸发器操作。
4. 真空加氯机操作。
5. 漏氯吸收装置操作。
6. 投氯值班工安全操作规程。
7. 漏氯紧急处理安全操作。

8. 氯投加设备的维护管理。

1.3.1　液氯收货及进、出库操作

1. 运输车装卸氯瓶进库前，首先打开大门、窗户（包括通风机前窗户），然后启动通风机 30min 后才能进入氯库进行装卸氯瓶。

2. 运送液氯的车辆必须在工作人员的指挥下进入氯库，并由工作人员负责吊装重瓶、空瓶，将重瓶吊至重瓶区，空瓶吊至空瓶区。

3. 必须严格遵守氯瓶收发制度。氯瓶入库后由工作人员认真验收登记，包括入库日期、钢瓶编号及总数、运走空瓶的编号和总数，并检查钢瓶本身是否完好，外观检查包括瓶壁是否有裂缝、鼓包或变形。有硬伤、局部片状腐蚀或密集中点腐蚀时，应研究是否报废。检查瓶头阀、防护帽及防震圈是否齐全完好，检查合格证是否清晰，检查瓶号与合格证上的编号是否相符。

4. 吊装氯瓶时，空瓶重瓶应分开放置，并挂上明显标志，堆放要整齐，要头朝向一方，只能单层放置。钢瓶应横向卧放，防止滚动，并留出吊运间距和道路。暂未使用的重瓶，瓶帽必须旋紧，以防损坏阀门，造成泄漏。

5. 禁止把氯瓶放在阳光直射或靠近热源的地方。

6. 氯瓶存放应按照先入先取先用原则，防止氯瓶存放期太长，一般不得超过 3 个月。

7. 氯瓶运输时应轻装轻卸，严禁滑动、抛滚或撞击，并严禁推放。装卸、检查完毕后，签收货单，并填写《液氯检查单》。关好通风机、氯库大门、窗户（包括通风机前的窗户）。

1.3.2　氯气压力自动切换器操作

氯气切换控制系统主要分为两大部分。第一部分为本地控制，主要供操作人员在现场通过触摸屏对电动阀进行开关控制。第二部分为自动控制，由程序自动完成对压力开关的判断以及电动阀的开关。

1. 触摸屏界面说明

本系统分为 4 个操作界面：

（1）主界面：提供"自动"和"本地"状态切换和显示，以及链接"工艺流程"和"本地控制"按钮。

（2）"工艺流程"界面：显示各压力开关、阀门的当前状态。

（3）"本地控制"界面：提供触摸屏对 4 个阀门的开关控制和当前状态的显示。

（4）"帮助"界面：解释各种符号表示的状态，如图 7-3 所示。

2. 本地控制

如要进行本地操作，请先在主界面按"本地"按钮，左下角显示本地状态，再点击"本地控制"按钮，弹出本地控制界面。在这个界面上，操作人员可以对 A、B 两组氯瓶的 4 个阀门进行无连锁的独立开关控制，每一个阀门都有"开尽"和"关尽"两个反馈信号来显示当前的状态。

3. 自动控制

如要进行自动操作，请先在主界面按"自动"按钮，左下角显示自动状态。

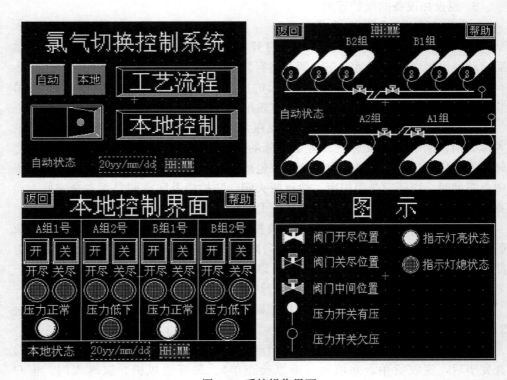

图 7-3　系统操作界面

此时 PLC 根据压力开关的状态，对相应的阀门进行开关操作。切换次序为：关尽 A1 开 A2，关尽 A2 开 B1，关尽 B1 开 B2，关尽 B2 开 A1，然后按此次序循环。当阀门开始切换 40s 后压力开关检测不到有氯气通过时，将进行下一次切换。例如：关闭 A1，打开 A2，当到了 40s 后压力开关检测不到有氯气通过，就关掉 A2，打开 B1，以此类推。

4. "本地控制"转"自动控制"的操作

若需要现场操作，可以在触摸屏将切换系统状态切换为"本地控制"；现场操作完毕，需要保留一组氯瓶处于开尽状态以作正常投加使用（其余三组氯瓶关闭），然后在触摸屏切换为"自动控制"。

5. RSView 界面操作

在 RSView "投氯控制"界面左上角，可观察到"切换系统触摸屏控制状态"，内容为"本地控制"或"远程控制"（即"自动控制"）。在"远程控制"状态下，工作人员如发现蒸发器出口压力低于正常值而压力开关未变成欠压，造成瓶组不能自动切换，则可通过界面上的"切换下一组"按钮进行强制切换。（注意：正常情况下切换系统均能正常自动切换，勿使用界面控制。）

6. 注意事项

（1）当使用此系统时，两组气源直接连于蒸发器，因此可以消除氯源用尽后的紧急换瓶，操作规范要求定期观察系统，操作工应定期观察控制箱面板指示灯（至少一班一次）以确保蒸发器压力正常，两个供氯系统正常的一开一关。操作工在使用的氯源用尽前，必须更换备用氯源。

（2）在任何时间发现两电动球阀同开同闭时，立即关闭电源，并用手动关闭（或打开）其中一个阀，并通知维修工。手动开启电动球阀的操作方法请参照"本地控制"介绍。

1.3.3　液氯蒸发器操作

1. 使用前准备工作

蒸发器如图 7-4 所示使用前应先检查水位计指示是否正常，热水循环泵转动是否灵活。

图 7-4　液氯蒸发器

2. 开机运行操作

（1）打开压力水手动阀门，让水流接通电磁阀（注意：水流压力最低必须达到 10psi≈0.07MPa）。

（2）打开在控制箱前部的电源开关。

（3）在启动后，水箱大概经过 45～60min 就会达到正常工作温度大约为 82～84℃。

（4）水箱的正常工作温度达到 82～84℃时，缓慢打开蒸发器液氯供应阀，观察蒸发器能正常运作后，完全打开液氯入口及蒸发器出口球阀。

（5）观察蒸发器压力表。该表显示了在蒸发器筒内的压力，它也是在氯瓶内与液氯温度相对应的压力。正常工作压力是 30～140psi≈0.21～0.98MPa。如果压力是 180～220psi≈1.26～1.54MPa 的范围，应马上停止运行，通知维修人员。

（6）观察控制箱前部的保护用安培计。安培计的正常工作电流是 125～150mA。如果低于或超过这个值，可通过旋转安培计右侧的旋钮使其降低或升高（注意：电流过低时可将 1/4（约 115g）磅硫代硫酸钠加到水箱中以增加它的导电性）。

3. 停机操作

（1）关闭氯瓶阀。开动加氯机消耗掉蒸发器内和管线里的液氯和氯气。

（2）当蒸发器的压力指示为零时，可以关闭蒸发器出口阀。

（3）如果蒸发器的压力表在出口阀关闭几分钟以后仍有压力显示。需重新打开蒸发器出口阀，直到蒸发器的压力表显示压力为零。

（4）断开在控制箱前部的电源开关。

（5）关闭加氯机进出口阀门。

（6）打开蒸发器底部的排水阀将热水排空。

4. 注意事项

（1）蒸发器运作过程中，无论发生何种设备故障，都应迅速采取相应的应急措施，以确保生产，同时上报工段、厂部。

（2）蒸发器发生泄漏时，应迅速关闭蒸发器进氯总阀，不准随意开、关蒸发器出气阀，应抽空后换用另一组蒸发器，再对该蒸发器维修。

（3）每天检查管道及阀门是否有泄漏，每周应对管道过滤装置进行清洗，每月应对真空调节器，电动执行器油箱进行检查，每年应对蒸发器系统进行全面检查及清洗气罐（即年度设备预防性检查）。

（4）蒸发器应每 2 周转换使用 1 次。

1.3.4　真空加氯机操作

1. 操作前的准备工作

（1）连接氯瓶氯源，检查蒸发器是否已进入正常运行状态。

（2）检查供给水射器使用的供水压力。$DN50$ 水射器压力水应大于 0.35MPa；$DN80$ 水射器压力水应大于 0.4MPa。

（3）开启加氯点氯气加注阀。

（4）开启供给水射器使用的压力水控制阀门，接通水射器供水。

（5）观察加氯机控制柜上安装的水射器真空表（标签：Injector Suction）所示的真空度是否达到 50mm 汞柱，若低于 50mm 汞柱时，必须检查水射器是否堵塞，管道是否有漏。

（6）开启加氯机进气阀门。观察加氯机控制柜上安装的补给真空表（标签：Supply Vacuum）所示的真空度是否达到 200mm 汞柱，若低于 200mm 汞柱时，必须检查真空调节阀的真空止回阀的膜片是否破损。

（7）当水射器正在运行而氯气源关闭时，使 V 形槽阀塞全开（逆时针转动），观察流量计的浮子，若浮子未降落在底部挡塞上，这说明流量计之前存在真空泄漏处。

（8）完全关闭 V 形槽阀塞（顺时针转动），同时根据运行控制要求转换加氯机控制状态（将 V 形槽阀塞旋钮往内推入为自动控制状态，将 V 形槽阀塞旋钮向外拉出为手动控制状态）。配置有比例控制器（SCU）的加氯机，在需手动控制状态时建议将 V 形槽阀塞旋钮转换成自动控制状态，用机柜上的控制器手动调节加氯量。

2. 开始运行操作

（1）接通氯气源，开启氯瓶阀。

（2）自动切换系统有 2 套设备，只接通 1 组首先使用的氯瓶组。

（3）开启蒸发器液氯供应液阀，蒸发器开始运行。

（4）当真空调节阀自动开启后，缓慢打开蒸发器的出口阀和真空调节阀前的氯化管段手动阀门。

（5）调节加氯量。加氯机手动控制时，将 V 形槽阀塞旋钮（红色）"投加量旋钮"往外抽出，依箭头方向旋转则增加，反向减少；注意此后不能把旋钮按压进去。加氯机自动控制时，将 V 形槽阀塞旋钮（红色）"投加量旋钮"往内推入，用控制器配合流量信号自动调节加氯量。

（6）观察加氯机控制柜上安装的水射器真空表（标签：injector suction）和补给真空表（标签：supply vacuum）所示的真空度是否达到 50mm 汞柱，若低于 50mm 汞柱时，通知维修人员。

（7）投氯机正常运作时，入口真空度应在 20～50mmHg 或稍偏上，出口真空度在 50～75mmHg（如果低于此范围，应注意检查管道是否有漏，或水射器堵塞），转子流量计的转子应悬浮于玻璃管内，平视转子上沿所指示的刻度为瞬时投加量，或称投加速度，单位是 kg/24h。

（8）投氯机的自动控制必须把"投加量旋钮"往里压进去，SCU 控制器设置为 AUTO 状态。此时投氯机按 PLC 程序自动调节投加量。

3. 短期停止运行

（1）关闭真空调节阀前的氯化管段手动阀门。

（2）观察流量计的浮子降落在底部挡塞上后，用水射器继续抽吸 5min，把负压管段的余氯吸清。

（3）断开蒸发器电源。

（4）关闭水射器水源。

4. 长期停止运行

（1）关闭氯气源的各个氯瓶阀。

（2）继续开动水射器抽吸，直到加氯机流量计的浮子降落在底部挡塞上。然后关闭真空调节阀，继续开动水射器至少 5min，把负压管段及加氯机的余氯全部排除掉。

（3）关闭水射器水源。

1.3.5 漏氯吸收装置操作

1. 开、停机操作

氯气吸收装置的启运、停运操作分为手动操作和自动操作两种状态。

（1）手动控制：

A. 将控制箱内的功能选择开关打到"手动"位置。

B. 手动按"风机开按钮"和"泵开按钮"即可启动吸收装置。

C. 手动按"风机关按钮"和"泵关按钮"即可关机停止操作。

（2）自动状态：

A. 将控制箱内的功能选择开关打到"自动"位置。

B. 当控制箱收到漏氯报警信号时，PLC 自动控制吸收装置投入运行，直到切断气源并把漏氯处理完后，由人工操作进行停机。

2. 注意事项

(1) 平时必须将吸氯装置转换开关打到"自动"状态,当控制箱接收到漏氯报警信号时,泄氯吸收安全装置会自动投入运行,直至把漏氯全部吸收后(报警取消),工作人员方可进入现场操作停机。

(2) 吸收液液位计显示水位高度应保持在 80～100cm,否则需要补充吸收液。但如果吸收液发生大量的泄漏或已吸收了大量的氯,则需要补充再生剂。

(3) 为保证设备完好,应每周进行一次例行检查和试运行,发现问题及时进行检修。

(4) 经常检查吸收液量和浓度,吸收液氯化亚铁含量初始浓度应为 20%,为了保持有吸收一瓶氯的吸收能力,并保持吸氯后氯化亚铁浓度不低于 6%,当氯化亚铁浓度低于 11.1%时即应该更换或补充。

(5) 当发现溶液泵出溶液压力增高,或从镜中观察到喷溶液不足时,则表明溶液管过滤器堵塞,应及时清理。

(6) 氯库门窗平时应关闭,特别是发生泄氯事故时,要马上密封门窗,起动该装置进行吸收处理。

(7) 保持氯气检测器传感器的正常、有效。

(8) 当发生泄氯事故时,除了立即关闭装置运行外,还要想法尽快关闭泄漏源,才能有效地处理泄氯事故。

1.3.6　投氯值班工安全操作规程

1. 投氯工更换氯瓶操作步骤

(1) 投氯工要熟悉和严格遵守中华人民共和国国家标准《氯气安全规程》,且必须经过安全技术专业培训,考试合格后,方可上岗操作。

(2) 进入氯库换氯瓶之前,应先打开氯库大门、窗户(包括通风机前的窗户),启动风机,通风 5～10min 后方可进入氯库。每班应检查库房内是否有泄漏,库房内应常备 10%氨水,以备检查使用。

(3) 带齐工具(包括扳手、聚四氟乙烯垫圈、试漏氨水和棉签等),随后关闭所有待换氯瓶的瓶头阀及紫铜管与固、液相管之间的所有连通阀,关闭力度要平稳。

(4) 用扳手缓慢松开所有待换氯瓶的两个紫铜管与氯瓶的连接阀(或称针阀、角阀)的压紧螺帽。如果有大量气体漏出,应迅速出氯库到上风口,等氯气散尽之后方可进入氯库进行换瓶操作。

(5) 拆下两个紫铜管与氯瓶的连接阀(或称针阀、角阀),用吊机把空瓶吊到指定的空瓶存放位置。

(6) 根据来货登记本,选用最早送来的重瓶;保留待用重瓶的标签牌(不能使用缺标签牌的氯瓶);拆下阀口保护螺母,转装在刚换下的空瓶处;根据氯瓶阀开口应与紫铜管连接阀开口接洽的方向,用吊机以偏离重心起落瓶法多次(或地面滚动),使氯瓶恰当旋转至两个氯瓶阀的连线与地面垂直;保持这一垂直方向,把重瓶吊到原空瓶所在处并检查。

（7）更换连接阀内的聚四氟乙烯垫圈，随后连接上氯瓶阀，以平稳力度扭紧。

（8）以平稳力度打开氯瓶阀，并随即重新关闭。用棉签蘸氨水放在接合缝下边检查（如有白烟，说明有漏气现象，拆换垫圈后再查），如没有白烟，再打开氯瓶阀，正常只要开 1/2 圈即可。

（9）重复上述步骤（5）～ 步骤（8）更换同组的其他氯瓶。

（10）打开上述步骤（3）所关闭的所有阀门，并用氨水检查接缝有否漏氯（如有，则关闭漏点前后相应阀门进行维修）。如没有，在瓶上挂上"备用"标记牌。

2. 投氯工投氯操作步骤（表 7-1）

投氯操作步骤　　　　　　　　　　　　　　　　　　　表 7-1

1) 系统的启动程序	A. 开启水射器供水系统； B. 开启水射器至加氯机的阀门； C. 开启加氯机进氯阀门； D. 打开蒸发器手动进水阀门； E. 关闭蒸发器电源开关； F. 开启蒸发器液氯进口阀门； G. 开启氯瓶液氯出口阀； H. 开启蒸发器气氯出口阀门
2) 系统的停运程序	A. 关闭氯瓶液氯出口阀门（直至蒸发器的氯气压力表为 0）； B. 关闭蒸发器液氯进口阀门； C. 关闭蒸发器工作电源； D. 关闭蒸发器气氯出口阀门（数分钟后重复一次）； E. 关闭加氯机进氯阀门； F. 关闭加氯机出气阀门； G. 关闭水射器供水系统
3) 蒸发器的启运程序	A. 检查蒸发器液氯进出口阀门是否关闭； B. 打开蒸发器手动进水阀门； C. 合上蒸发器电源； D. 当水温达到 80℃时，开启蒸发器液氯进口阀门； E. 打开氯瓶液氯出口阀门； F. 缓慢开启蒸发器出口阀门； G. 打开真空调压器后的手动阀门
4) 蒸发器的停运程序	A. 关闭氯瓶液氯出口阀门（至蒸发器的氯气压力表数值显示为 0）； B. 关闭蒸发器进液氯阀门； C. 关闭蒸发器的气氯出口阀门（数分钟后重复一次）； D. 如果长期停机还须将蒸发器内的水排空
5) 加氯机的启运程序	A. 开启水射器供水系统； B. 开启水射器至加氯机之间阀门（待真空表读数 20～25INHg）； C. 开启进氯阀门； D. 缓慢开启手动加氯控制阀门达到所需投加量
6) 加氯机的停运程序	A. 在确定管道内和加氯机内残余氯气完全排尽之后，关闭加氯机手动加氯控制阀门； B. 关闭水射器至加氯机之间的阀门； C. 关闭水射器供水系统

3. 投氯工安全操作注意事项

(1) 投氯工进入氯库之前，必须先打开氯库大门、窗户（包括通风机前的窗户），启动风机。

(2) 开启氯瓶角阀需用专用扳手，半径不宜大于180mm，且不得挪作他用。

(3) 角阀阀杆因生锈或过紧打不开时，严禁加油，以免发生爆炸，可适当松开压紧螺帽。若再打不开时，应通知生产厂派人处理；严禁大力扭动，以防扭断致使氯气大量喷出伤人。

(4) 接驳氯瓶后必须用氨水试漏（如有气泡或冒白烟说明有氯漏出）后，才能使用。使用中氯瓶应水平放置，气相、液相角阀中心点应处在同一垂线上。

(5) 开启氯瓶角阀要缓慢操作，关闭时亦不能用力过猛或强力关闭。同组氯瓶各个角阀开启度应基本保持一致。

(6) 正常使用时，蒸发器室及氯库应密闭运行，以防突发漏氯时氯气外泄。

(7) 使用前，瓶中液氯净重超过1.05t时，应停止使用，及时向值班负责人及生产厂报告处理；同组氯瓶液、气相连通后，须认真观察，若瓶中液氯净重超过1.05t或压力表示值超过0.9MPa时，应停止使用并及时报告值班负责人（在安全条件下也可先行单独使用，净重降至0.9t以下再并联运行）。

(8) 每瓶液氯剩5～10kg时，应停止使用，防止抽空，使空气或水倒流入瓶内发生危险（按出品厂要求）。

(9) 严禁将油类、棉纱等易燃物质和与氯气易发生反应的物品（例如氨瓶等）与氯瓶近距离堆放，严禁在氯库内动火，需要动火时，必须事前办理手续。

(10) 临时使用水射器投加氯气时，应先把压力水阀门打开，检查水射器投加运行情况，再接驳。接驳后，检查有无漏气或其他情况。然后缓慢开动液氯瓶阀，用氨水检查有无漏氯气现象。在使用过程中发现有氯臭味异常，应立即用氨水检查，以确定漏气原因及位置，及时设法处理。

(11) 换瓶或维修时，应先关闭各氯瓶的角阀（先关液相再关气相），再关紫铜管和固、液相连通阀，然后放空紫铜管和连通管内的氯，最后松开紫铜管螺帽换瓶或维修。

(12) 氯气泄漏时，值班人员应准确了解泄露点，并立即报告；值班负责人应立即组织抢修，撤离无关人员，抢救中毒者。抢修、救护人员必须佩戴有效防护面具。同时开动漏氯吸收装置。如发生大量泄漏时应迅速通知生产厂协助抢修。

1.3.7 漏氯紧急处理安全操作

目前某水厂使用的投氯设备是美国 W&T 产品，平时要熟悉和了解投氯设备、管道氯气的压力分布情况才能正确、迅速地抢修设备。现在我厂已安装漏氯吸收装置和漏氯报警仪，当氯库和蒸发器室空气中的氯气含量超过3mg/L时，就会自动报警和开动漏氯吸收装置。

1. 投氯设备、管道压力分布和工艺流程图

投氯设备、管道压力分布和工艺流程图，如图7-5所示。

从工艺流程图可知，一般漏氯多发生在氯瓶至真空调节器之间，而且带压

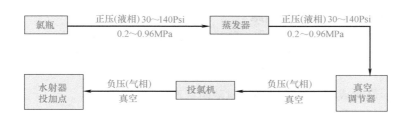

图 7-5　投氯设备、管道压力分布和工艺流程图

力，部分管道是液相，真空调节器至投加点的管道设备运行时处于真空状态。

2. 设备、管道漏氯紧急处理措施

当投氯工发现漏氯或听到漏氯报警后，应当即组织抢修，具体步骤如下：

（1）立即打电话给值班长或调度，报告投氯室漏氯。值班长或调度接到漏氯通知后，要马上通知抢险小组到现场参加抢修。泄漏严重的要同时急电专业抢险部门。

（2）检查门窗是否全部关闭（一定要全部关闭）。漏氯吸收装置是否已自动启动，如没有启动，要马上手动启动漏氯吸收装置。

（3）进入事故现场必须要两人以上、戴防毒面具或呼吸器具、穿好防化服并戴好防化手套等工具，一人操作，一人监护，先关闭液氯钢瓶阀门（不论管道或设备哪处漏氯，首先要关闭液氯钢瓶阀门），再检查漏点。

A. 当漏点位于真空调节阀与投加点之间时，是由于管中真空度不够造成的；造成这一原因的可能是水射器的压力不足或管道破裂，此时应立即关闭真空调节阀后第一个线阀，若是由于压力水不足造成可采用转换压力水管或开动加压泵处理；若是管道破裂应立即停止使用破裂的管道。

B. 当漏点位于真空调节阀与蒸发器之间时，应立即关闭蒸发器后第一个线阀，并使投氯量加至最大；待管中氯气抽净后，关闭真空调节阀后第一个线阀，然后开启另一台蒸发器。

C. 当漏点位于蒸发器与氯瓶之间时，应立即关闭瓶嘴阀门，并将投氯量加至最大，以便将管道中的氯尽快抽入水中。

3. 氯气的中毒防止和处理

（1）氯气中毒危害：氯气对人体的作用分为急性中毒和慢性损害两种。急性中毒临床上分为刺激反应、轻度、中度、重度中毒，具体表现为：

A. 氯气刺激反应：刺激症状 24h 内消失。

B. 轻度中毒：咳嗽、痰少、胸闷。

C. 中度中毒：剧咳、痰多、胸痛、胸闷。

D. 重度中毒：剧咳、大量白色或粉红色泡沫样痰，呼吸困难、窒息、有压迫感，口唇发绀，昏迷，直至死亡。

（2）急性中毒引起眼损害表现为：氯可引起急诊结膜炎，高浓度氯气或液氯可引起眼灼伤。引起皮肤损害表现为：液氯或高浓度氯气可引起皮肤暴露部位急性皮炎或灼伤。

4. 防止氯气中毒的主要措施

（1）严格遵守安全操作规程，防止跑冒滴漏，保持管道负压。

（2）含氯废气需经石灰净化处理再排液，也可设氨水贮槽和喷雾器，在跑氯时和中氯气。

（3）检修时或现场抢救时必须佩戴防毒面具。

（4）执行预防性体格检查。凡有明显的呼吸系统慢性疾病，明显的心血管系统疾病的患者不宜从事氯气作业。

5. 氯气中毒的救治方法

（1）发生氯气泄漏事件时，污染区工作人员切记惊慌，应向上风向地区转移，并用湿毛巾护住口鼻；到达安全地带好好休息，避免剧烈运动，防止加重心肺负担，恶化病情。

（2）可适当使用钙剂、维生素 C 和脱水剂，早期足量使用糖皮质激素和抗生素，可以减轻呼吸道和肺部损伤，使用超声喷雾途径，将药物直接送达呼吸道，效果较好。

（3）患者应及时送到大医院或有职业病科的医疗单位，使病人得到有效治疗。

1.3.8　氯投加设备的维护管理

投氯机内有控制电路，电路原件抗干扰能力比较差，所以使用的时候需要加装防电涌设备；模拟输出需要定期校正，否则会出现偏差；每年需要对加氯机进行预防性检查，需要足够的原厂维修包。加氯设备应保持不间断工作，并根据具体情况考虑设置备用数量，一般每种不少于两套。加氯间应设有完善的通风系统，并时刻保持正常通风，每小时换气量应在 12 次以上，由于氯气比空气重，因此排气孔应设置在低处。

加氯间内应在最显著、方便的位置放置灭火工具和防毒面具；加氯间内应设置碱液池，并时刻保证池内碱液有效；通往加氯间的压力水管道应保持不间断供水，并尽量保持管道内水压稳定。

任务 2　臭氧消毒的运行管理

工程案例

某水厂主臭氧投加采用微孔曝气盘曝气的形式。其设计参数如下：

臭氧投加量：1.0～2.5mg/L。

余臭氧要求（C 值）：0.2～0.4mg/L。

投加线：1 线/池（共 6 线并联运行）；每条投加线设 3 个投加点，3 个点臭氧投加比例顺水流方向依次为投加量的 60%（40%～80%可调）、20%（10%～30%可调）、20%（10%～30%可调）。

臭氧接触时间（池内）：≥10min。

2.1 实训目的

通过本次实训任务，学生应能具备以下能力：
1. 对投加臭氧进行正确的操作。
2. 对臭氧投加设备运行进行维护和管理工作。

2.2 实训内容

1. 液氧系统技术说明。
2. 液氧系统安全。
3. 液氧系统操作。
4. 液氧系统使用、维护。
5. 液氧系统检验规程。

2.3 实训步骤与指导

2.3.1 液氧系统技术说明

1. 液氧储罐由一个碳钢真空外壳和一个置于其中的不锈钢压力容器组成，具有可充装低温物质、形成容器内部压力及输送专门用途的液体或气体的功能。

2. 液氧储罐所有操作均由安装在液氧罐下部的控制阀门完成，各阀门均配有标签，容易辨认，如图 7-6 所示。熟悉管路控制阀和其功能对操作员来讲非常重要。

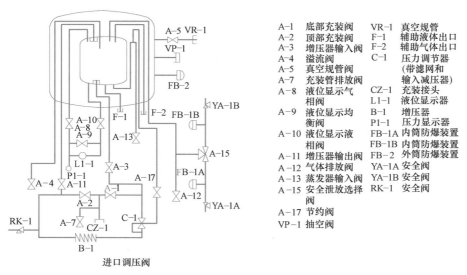

A-1	底部充装阀	VR-1	真空规管
A-2	顶部充装阀	F-1	辅助液体出口
A-3	增压器输入阀	F-2	辅助气体出口
A-4	溢流阀	C-1	压力调节器
A-5	真空规管阀		（带滤网和
A-7	充装管排放阀		输入减压器）
A-8	液位显示气相阀	CZ-1	充装接头
A-9	液位显示均衡阀	L1-1	液位显示器
A-10	液位显示液相阀	B-1	增压器
A-11	增压器输出阀	P1-1	压力显示器
A-12	气体排放阀	FB-1A	内筒防爆装置
A-13	蒸发器输入阀	FB-1B	内筒防爆装置
A-15	安全泄放选择阀	FB-2	外筒防爆装置
A-17	节约阀	YA-1A	安全阀
VP-1	抽空阀	YA-1B	安全阀
		RK-1	安全阀

图 7-6 液氧储罐控制管路简图［圣达因低温液体贮槽管线图（LAr，LO_2，LN_2）］

3. 液氧储罐在低压至中等压力下进行操作，液氧储罐技术规范，见表 7-2。防爆片和安全排放阀在压力过高的情况下可以对液氧储罐起到保护作用。

液氧储罐技术规范　　　　　　　　　　　　　　表 7-2

型号	全容积（L）	净容积（L）	操作压力（MPa）	直径（mm）	高（mm）	重量（空重）（kg）	正常蒸发率（%/d）		
							LO$_2$	LN$_2$	LAr
50～16	52600	50000	1.6	3020	12682	30400	0.24	0.39	0.26

注：工作压力小于 0.8MPa；作为备用系统时，不超过 1.6MPa。

4. 空温式气化器利用空气做热源，通过翅片导热管进行热交换，使液体汽化成气体，液氧系统配置了两个气化器。气化器在额定汽化量［≥1700kg/(h·台)］的情况下，可连续使用 8h，若气化器翅片结冰（霜）面积大于 1/3 总翅片面积（会降低汽化效果）时，应根据实际使用情况进行手动切换，使其达到理想的汽化效果。

2.3.2　液氧系统安全

1. 由于在充满氧气（体积浓度大于 25% 时）的环境下，易燃物会剧烈燃烧并可能爆炸。液氧储罐周围不小于 5m 半径范围内必须用分隔带或铁丝网围蔽；在周围 5m 内，不得有杂草和干草；在 30m 半径范围内不得放置易燃、易爆物品，不准堆放油脂和与生产无关的其他物品，不得在任何储备、输送和使用氧气的区域内吸烟或有明火，不得动火及从事烧焊作业，如确需动火或进行烧焊时，必须经公司保卫、安全部同意并必须办理《动火许可证》，动火作业前应检测作业点空气中的氧气浓度，在作业期间派专人进行监管。

2. 液氧储罐放置处必须永久性贴出下列或类似的警告标语：

（1）氧气。

（2）禁止吸烟。

（3）禁止明火。

3. 液氧充装时，充装接口处应设警示标志和不少于 5m 的隔离距离；不同供货厂家的液氧不得混放同一液氧储罐内，充装期间 30m 半径范围内严禁烟火。

4. 所有液氧使用操作人员上岗前必须进行安全生产技术培训和劳动纪律教育，持证上岗（技监局培训）。

5. 进入液氧系统范围进行维护检修作业时，必须有两人以上，一人作业，另一人监护及验收检查。

6. 所有氧气使用操作人员在操作时必须戴安全帽、防护眼罩及防护手套；操作、维修、检修氧气系统的人员所用工具、工作服、手套等用品，严禁沾染油脂类污垢。

7. 泄放氧气时，泄放口周围 30m 半径范围内严禁烟火，并设专人监护管理。

8. 液氧系统所有防雷防静电接地装置，应定期检测接地电阻，每年至少检测一次。

9. 所有氧气、臭氧输送投加管坑严禁与液氯、液氨、混凝剂等投加管坑相通。严禁油脂及易燃物漏入管坑内。

10. 液氧系统的压力容器、仪表、安全附属装置必须严格按国家有关质量监察条例进行定期检验和校准。

2.3.3　液氧系统操作

1. 液氧储罐放置地点和充装

（1）液氧储罐通过槽车充注，必须便于近距离操作。通常靠近停车处的存放点是最适宜的。由于许多液体输送管至少要 4m 长，所以液氧储罐应安置在最近的操作地点不超过 3m。

（2）液氧储罐在充装前要对储罐进行目测检查，看是否有损坏，是否清洁，以及是否符合氧气操作条件。若发现损坏（如严重凹陷、接头松弛等）要立即修复。

（3）液氧储罐应尽可能使充装的输送管线缩短，较长的输送管线未隔温，会导致大量充装损失和充装时间加长；尽可能缩短充装时间；充装液体会截流在两个阀门之间的管线内，必须给管线配备一个安全泄放装置。

2. 开机供氧前准备工作

（1）液氧储罐数量为一用二备，供氧操作前要观察其压力表 P1-1 压力及液位计 L1-1 液位是否处于正常使用范围（液氧储罐正常压力为 0.5～0.7MPa，正常液位为 1.5～11.5m），各阀门的状态是否正确。

（2）液氧储罐为真空隔热，任何真空降低或损失都会使储罐外部出现冷冻颗粒、结霜或冷凝的迹象，或出现不正常快速升压。如果出现上述状况，应马上中止储罐操作，启动应急预案进行处理。

（3）空温式汽化器数量为一用一备，工作的汽化器供氧前其进液阀处于全开状态，出气阀及排气阀处于关闭状态；备用的一台所有阀门处于关闭状态。

（4）调压装置数量为一用一备，工作的调压装置供氧前其进气阀为全开，出气阀及排气阀处于关闭状态，检查压力表是否正常；备用的一套所用阀门为全关闭状态。

（5）液氧储罐最高工作压力为 1.6MPa，目前的工作压力为 0.5～0.7MPa，其具体操作及注意事项参照《液氧储罐操作技术手册》。

（6）调压装置目前的工作压力：进口压力为 0.55～0.75MPa，出口压力为 0.16～0.19MPa。

（7）开机操作前需戴好防护眼镜、手套及安全帽，做好安全防护措施。

（8）不相关人员不准进入液氧系统设备现场，禁止私自开启设备阀门。

3. 开机供氧操作步骤

（1）当开机供氧前准备工作完成后，就可以进行供氧操作。

（2）慢慢打开液氧储罐的 A-13 出液阀，阀门打开 30°左右，这时液氧慢慢进入气化器，气化器压力慢慢升高。

（3）慢慢开启气化器的出气阀，阀门状态为全开。

（4）观察调压装置的进口压力表及出口压力表的压力指示正常，慢慢开启调压装置的出气阀，阀门状态为全开；用压力调节阀调整出口压力至正常的运行范围，然后再慢慢开大 A-13 阀至调压装置的进口压力稳定在 0.50～0.65MPa。

4. 停供液氧步骤

（1）当系统要停止供氧时，慢慢关闭液氧储罐的 A-13 出液阀。

（2）慢慢关闭调压装置的出气阀，观察调压装置的进口压力。

（3）关闭气化器的出气阀。

5. 液氧储罐、气化器的切换使用

（1）当液氧储罐中的液氧低于设定值（1500mm）时，就应切换使用其他两台高液位的液氧储罐中的一台。切换方法：慢慢开启高液位液氧储罐的 A-13 出液阀，阀门打开 30°左右；慢慢关闭低液的 A-13 出液阀。

（2）当一台气化器连续运行 8h 或气化器翅片结霜面积超过 1/3 后（环境温度较高时，可适当延长运行时间），应切换使用另一台气化器。切换方法：慢慢打开另一台气化器的进液阀，观察气化情况，再慢慢打开气化器的出气阀，关闭当前使用中气化器的进液阀，过 5min 后再关闭其出气阀。

2.3.4　液氧系统运行维护管理

1. 系统的运行要求：

（1）臭氧化法给水处理系统，要求臭氧投加正常。

（2）由于原水水量和水质波动不一，要求臭氧化处理系统的设备操作具有灵活性和可靠性。

2. 臭氧化设备的操作与控制：

（1）人工操作见图 7-7（a）。

（2）人工仪表配合操作见图 7-7（b）。

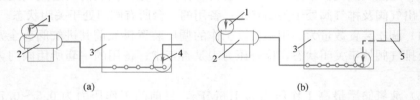

(a)　　　　　　　　　　　(b)

图 7-7　人工或与仪表配合操作

1—人工调整电压/频率；2—臭氧发生器；3—水-臭氧接触反应池；

4—人工选择参数；5—监测仪

（3）自动操作：自动操作，如图 7-8 所示。运转过程的自动控制系统，既可保证过程的安全可靠，又可使运转效果达到技术经济的最佳状态。

3. 臭氧接触池应定期清洗。

4. 接触池排空之前必须确保进气和尾气排放管路已切断。切断进气和尾气管路之前必须先用压缩空气将布气系统及池内剩余臭氧气体吹扫排除干净。

5. 接触池压力入孔盖开启后重新关闭时，应及时检查法兰密封圈是否破损或老化，当发现破坏或老化时应及时更新。

6. 备运行过程中，臭氧发生间和尾气设备间应保持一定数量的通风设备处于工作状态；当室内环境温度大于 40℃时，应通过加强通风措施或开启空调设备来降温。臭氧发生器构造，如图 7-9 所示。

7. 在运行过程中要做好运行记录，记录压力容器的工作压力、液位刻度、阀

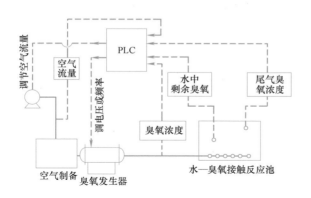

图 7-8 计算机自动控制

门状态、压力容器、管道外观情况等。

8. 严格执行交接班制度，交接时双方必须对运行记录进行确认和签证。

9. 液氧系统发生异常情况时，操作人员应立即启动应急预案进行处置，并按规定的报告程序及时报告。

10. 委托具备安装资质的单位每月定期对液氧系统的压力仪表、安全阀门、安全附件进行校对检查和保养，并做好相关记录。

图 7-9 臭氧发生器

2.3.5 液氧系统检验规程

（1）液氧系统的压力仪表每半年请有检验资质的单位进行校验，合格后方能继续使用。

（2）每年在检验合格期将满前的 1 个月，必须向市锅炉压力容器监督检验所提出检验申请。

（3）压力容器、管道的外观、计量仪表、安全泄压阀等阀门必须每年校检1 次。

（4）按照国家压力容器安全技术监察规程，对液氧储罐每 3 年要进行 1 次开罐检验和探伤。

第 2 篇

城市污水处理厂运行

项目 8　格栅的运行

【**项目实训目标**】　通过实训项目，学生应能具备以下能力：

1. 能正确操作回转式格栅除污机。
2. 能对格栅除污机进行维护管理，并对其故障进行分析、排除。
3. 能正确操作转鼓式格栅除污机。

工程案例

某市污水处理厂处理水量为 11 万 m^3/d，进出水水质见表 8-1：

某市污水处理厂进出水水质表（单位：mg/L）　　　　　　　　　表 8-1

水质指标	污染物浓度	经常运行范围	出水标准
BOD_5	120	50~100	≤20
CODCr	250	100~180	≤60
SS	170	100~170	≤20
NH_3-N	30	15~25	≤10
磷酸盐(以磷计)	4	2.0~3.0	≤0.5

污水的预处理共设 2 座回转式粗格栅和 2 座回转式细格栅，每座 $5.5m^3/d$，粗格栅栅条间隙为 30mm，过栅流速：0.6~1m/s；细格栅栅条间隙为 12mm，过栅流速：0.6~1m/s。

任务 1　回转式格栅除污机的运行

1.1　实训目的

通过本次实训任务，学生应能具备以下能力：

1. 正确操作回转式格栅除污机。
2. 能对回转式格栅除污机进行维护管理，并对其故障进行分析、排除。

1.2　实训内容

1. 回转式格栅除污机运行操作实训。
2. 回转式格栅机常见故障分析。

1.3　实训步骤与指导

1.3.1　回转式格栅机的结构

回转式格栅除污机是由一种独特的耙齿装配成一组回转格栅链，在电机减速器的驱动下，耙齿链进行逆水流方向回转运动，截留污水中的粗大悬浮物和漂浮物。耙齿链运转到设备的顶部时，由于槽轮和弯轨的导向，使每组耙齿进行相对自清运动，绝大部分固体物质靠重力下落。另一部分则依靠清扫器的反向运动把粘在耙齿上的杂物清扫干净。按水流方向耙齿链类同于格栅，在耙齿链轴上装配的耙齿间隙可以根据使用条件进行选择。当耙齿把流体中的固态悬浮物分离后可以保证水流畅通流过。整个工作过程是连续式的，也可以是间歇式的。

回转式格栅机是目前污水处理行业应用最普遍应用的一种格栅机，其结构组成部分有：拦污栅条、回转齿耙、驱动装置和过载保护机构等。如图 8-1、图 8-2 所示。

图 8-1　回转式格栅除污机

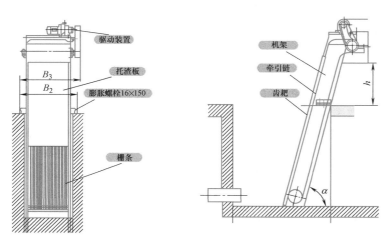

图 8-2　回转式格栅机结构组成

1.3.2　主要特点

1. 耙齿多用耐腐蚀能力强的材料制作，例如 ABS 工程塑料或尼龙。

2. 不仅分离固体物质，同时具有消耗小、噪声低的优点。

3. 设备自身具有较强自净能力，不会发生堵塞现象。

4. 如果城市污水中有太大的固体时，会损坏耙齿，所以回转式格栅适宜作为中细格栅。

1.3.3　回转式格栅机的工作过程

1. 运行前检查

(1) 检查电源控制箱各元器件接线情况，桩头应连接牢固，无锈蚀。

(2) 检查机械是否堵塞。

(3) 检查机械各部是否润滑良好，有足够的润滑油脂。

(4) 检查是否有人在机械上工作、是否有其他干扰、保护盖板是否已盖。

(5) 检查滤渣收集箱中是否有足够的空间。

(6) 检查限位开关是否正常。

2. 运行操作

格栅除污机控制柜提供自动和手动两种控制模式：

(1) 合上电源，检查电源电压应符合要求，发现故障应立即停车检修。

(2) 有转换开关的机组应将"状态按钮"置于手动位置。启动后观测机组各部分运转情况，应无异常声响、振动。

(3) 手动状态下正常运转 10min 以上，方可转入自动状态。在自动状态中，操作者应观察 10min 以上，方可离开格栅间。

(4) 自动控制是通过定时和控制格栅前后的液位差实现，可设定时间和格栅前后的水位差。

(5) 清捞出的栅渣，应妥善处理和处置。

1.3.4　回转式格栅机的维护与保养

1. 每周检查

(1) 检查设备的电气线路和紧急停止功能是否正常。

(2) 检查设备的运行状态是否平稳，是否有异常响声。

2. 每日检查

(1) 检查齿耙是否有杂物缠绕，如有必须及时清除，保持格栅通畅。

(2) 做好运行监测与记录，应测定每日栅渣量的重量并通过栅渣量的变化判断格栅的拦污效率。当栅渣比历史记录减少时，应分析格栅是否正常运行。

3. 需定期更换减速机中的润滑油，一般设备投入正常使用，运转半个月后需更换新油，以后每隔 3 个月更换 1 次油，平时应注意观察减速器油位。

4. 避免长期"停机"，如果设备安装后没有立即投入运行，每周至少空转 1h，并检查设备各部位是否处于良好状态。

1.4　回转式格栅机常见故障分析

1. 耙片多采用不锈钢或工程塑料制造，工程塑料类耙片缺点是使用数年后，会发生老化现象，断裂较多。不锈钢耙片不易断裂，但长期使用容易变形，引起卡阻。

2. 耙片系统是由横轴把多级耙片连在一起，耙齿链是带动横轴转动，该横轴在运行一段时间后可能会出现节状断裂，发现问题应及时更换。

3. 回转式链条回转部件现在大多采用回转链轮，少数采用导板，导板易产生"多边"效应，引起振动或脱链，影响整机的平衡运行和使用寿命。

任务2　转鼓式格栅除污机的运行

2.1　实训目的

通过本次实训任务，学生应能具备以下能力：

1. 正确操作转鼓式格栅除污机。
2. 能对转鼓式格栅除污机进行维护保养。
3. 熟知格栅除污机运行时的注意事项。

2.2　实训内容

1. 转鼓式格栅除污机运行操作实训。
2. 转鼓式格栅机的维护与保养。
3. 格栅除污机运行时的注意事项。

2.3　实训步骤与指导

2.3.1　转鼓式格栅除污机结构和组成

转鼓式格栅除污机主要用于市政污水处理及工业废水处理，用于去除水中较小的漂浮物。该机安装在粗格栅之后，是典型的细格栅。适用于水深较浅，井宽不大于 2m 的场合。转鼓式格栅除污机主要由减速机、螺杆轴总成、导渣槽、冲洗装置、进渣框、栅框总成、底支架，边支架和后支撑等组成。如图 8-3 所示。

减速机驱动螺杆轴转动从而带动栅框旋转，污水中的漂浮物经栅框过滤后截留在栅网上，由旋转的栅框带至进渣框上部，经冲洗装置冲刷栅渣掉入进渣框内，并由螺旋体提升至地面进入垃圾

图 8-3　转鼓式格栅除污机

小车或输送机外运。

2.3.2　转鼓式格栅除污机特点

1. 过滤面积大，水力损失小。
2. 清渣彻底，分离效率高。
3. 集多种功能于一体，结构紧凑。
4. 维护工作方便，寿命长。

2.3.3　转鼓式格栅除污机的工作过程

1. 转鼓式格栅除污机使用时，首先必须给减速机加注机械油至油标 1/2 处。
2. 接通电源，点动按钮，观察螺杆转动方向是否正确。螺杆转动方向应始终朝着物料出口方向转进。
3. 转鼓式格栅除污机开动后操作人员必须注意物料有无坚硬杂物，一经发现异常情况，应立即停机排除故障后再恢复运行。
4. 在开始进行任何检修工作之前必须切断和锁住转鼓式格栅除污机的主电源并确保不能启动转鼓式格栅除污机。
5. 当转鼓式格栅除污机处于工作状态时不得碰触保护栅网。
6. 若转鼓式格栅除污机工作中有超过 24h 间歇，重新开始工作时必须有操作员在场观察。

2.3.4　转鼓格栅除污机的维护与保养

1. 转鼓式格栅除污机为半自动产品，运作时必须有操作工在场。
2. 定期检查注意有无异常声音，认真检查格栅各个部分的运行状况并做好记录。
3. 定期检查螺旋的磨损，在螺旋需要更换之前可以磨掉螺旋原始尺寸最大 10%。
4. 该设备每 2 个月必须进行一次保养维护，对设备进行全面的清理。
5. 如设备发生故障，应立即停止生产，并通知生产厂家进行维修。
6. 长期存放前的保养。使用高压水枪将螺旋叶片、栅网清洗干净。注意：冲洗时请穿上防护工作服。
7. 定期巡检。定期对轴承、地脚螺栓等易损耗部件检查，如发现有松动、磨损、移位及损坏现象，必须及时维修或更换。设备防腐膜如被擦破发生锈蚀，要及时除锈重新刷漆。

2.4　格栅除污机运行中的注意事项

1. 及时清除栅渣。当格栅内外水位差大于 0.2m 时应进行清渣。清污次数太少，栅渣将在格栅上长时间附着，使过栅断面减小，造成过栅流速增大，拦污效率下降。分析产生沉砂的原因并及时清除沉砂，如果是渠道粗糙的原因，应该及时修复。
2. 定期检查渠道的沉砂情况。格栅前后渠道内沉积的砂量主要和流速有关，同时还与渠道底部流水面的坡度和粗糙度等因素有关。
3. 巡检时应注意有无异常声音、耙齿有无插入栅条的位置或掉落栅条有无变形、钢丝绳有无错位、断股与损伤，发现问题及时处理。

4. 格栅除污机传动链条及轴承等部位应经常检查和加油。

5. 经常检查电器限位开关是否失灵。

6. 栅渣中夹带着许多挥发性油类等有机物，堆积后会产生异味。应及时清理运走。栅渣堆放处应经常清洗，防止腐烂产生恶臭。

7. 格栅应定期油漆保养，一般每 2 年油漆 1 次。

项目 9 沉砂池的运行

【项目实训目标】 通过实训项目，学生应具备以下能力：

1. 正确操作曝气沉砂池内行车刮砂机。

2. 能够对曝气沉砂池进行正确的运行操作。

3. 能够对曝气沉砂池内行车刮砂机进行维护管理，并能够对故障进行分析、排除。

4. 能够对曝气沉砂池进行维护管理，并能够对故障进行分析、排除。

工程案例

某市污水处理厂曝气沉砂池采用的是一个双格矩形半地下式结构，池底一侧有坡度，坡向另一侧的集砂槽，中间墙上装有 2 排曝气管，曝气装置采用 4mm 的多孔管进水曝气，曝气池一侧设置除渣区。

曝气沉砂池的尺寸为 18.4m×7.4m×5m（高为有效水深），池断面面积为 32.3m^2，最大水平流速 0.05m/s，水力停留时间 7.1min，高峰时为 5.4min，曝气量为 13.8m^3/min。

曝气沉砂池案例工艺施工图如图 9-1 和图 9-2 所示：

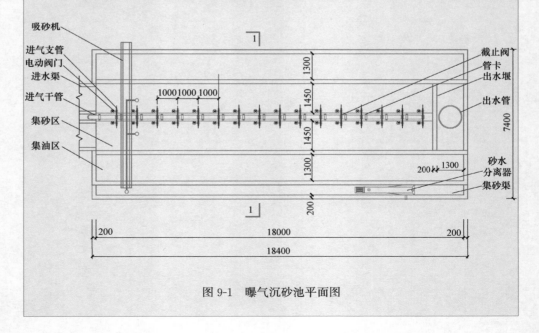

图 9-1 曝气沉砂池平面图

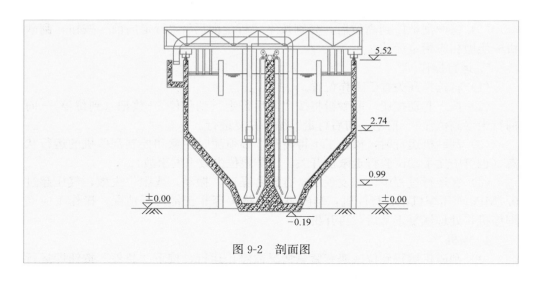

图 9-2　剖面图

任务 1　曝气沉砂池内行车刮砂机的运行

1.1　实训目的

1. 正确操作曝气沉砂池内行车刮砂机。

2. 对曝气沉砂池内行车刮砂机进行维护管理，并能够对故障分析和排除故障。

1.2　实训内容

曝气沉砂池内行车刮砂机的开车前准备、调整操作、运行操作及停机操作。

1.3　实训步骤与指导

1.3.1　行车刮砂机运行

1. 开车前准备

（1）检查随机空压机润滑油位，保证油位加满。

（2）检查油雾器油量，不足时加满。

（3）检查分水滤气器是否存水，有水时将水全部排空（以上检查必须在储气罐无压力的情况下进行）。

（4）检查刮砂机运行道路上有无杂物，必须保证运行道路无障碍。

（5）将固定刮耙的安全手柄松开。

2. 调整操作

（1）关闭电源开关，将选择开关置于工作位置。

（2）试警：按下"试警"按钮，警铃响；按下"断警"按钮，警铃停。

（3）启动空压机，按下"空压机启动"按钮，空压机运行，指示灯亮。

（4）分别按下"1 号放耙""1 号抬耙""2 号放耙""2 号抬耙"按钮，各耙都应能运行至相应位置自行停止。

（5）将两刮耙停到高位后，分别按下"行走向后""行走向前"按钮，刮砂机应能做相应指定运动。

3. 运行操作

（1）将选择开关置于工作位置。

（2）按下起动按钮，刮砂机将按"向后行走（到位停）—放耙（到位停）—向前行走（到位停）—抬耙—向后行走"循环往复进行。

（3）刮砂机运行时，操作工不得离开，必须随时注意和控制刮砂机的运行状态（也可中途手动试验行走限位开关，以防限位失效引发事故）。

（4）在运行过程中，如发现设备有异常噪声、振动，或限位失效，气压超过0.7MPa而压缩机不自行停机，刮砂机严重跑偏等非正常运行情况，操作工应立即停机，处理恢复正常后，再开机。

4. 停机

（1）刮砂机运行到位或遇有紧急情况欲停止运行，按下"急停"按钮即运行即刻停止。运行完停机必须停放在指定位置。

（2）将选择开关置于中间位置，并将停止按钮顺时针扭转复位。

（3）将两刮臂抬至高位，将安全手柄置于锁闭位置。

（4）关闭电源开关。

（5）按要求做好运行记录，做好设备的保养。

1.4　曝气沉砂池内行车刮砂机的维护与管理

1. 除砂机的限位装置应每月一次（说明：沉砂池刮砂机的限位开关装置，必须保证灵敏可靠。否则，发生故障时，将损坏设备和设施）。

2. 电缆轨道由轨道和行走轮组成，运行中可能出现因行走轮磨损严重造成停运而拉断电缆故障的情况。这就要求管理人员增强责任心，定期检查行走轮，并清理轨道上的杂物，保持轨道畅通。

3. 排砂机械应该经常运转，以免砂过多引起超负荷，排砂机械的运转间隔时间应根据砂量及机械能力而定。排砂间隙过长，会堵塞排砂管、砂泵，堵卡刮砂机械，排砂间隙过短会使排砂量增大，含水率增高，使后续处理难度增大。

4. 排砂管不出砂，其原因及解决方法如下：

1）排砂管口处被大量泥砂堵塞时，操作人员只需关闭排砂管上的阀门，打开空压机，将堵塞泥砂吹出管口即可。

2）假设通过上述操作排砂管仍不出砂，需打开排砂管弯头处法兰，检查有无杂物，如竹条、长棍、絮状物等易相互缠绕的杂物，这种杂物极易堵塞、堵死弯头处。

3）如果经过上述处理正常后还不排砂时，就应抽空此池中的污水，查看空气加压管是否存在漏气，排砂管有无孔、洞现象。

任务 2　曝气沉砂池的运行

2.1　实训目的

1. 能对曝气沉砂池进行正确的运行操作。

2.能对曝气沉砂池进行维护管理，能够对故障进行分析、排除。

2.2　实训内容

曝气沉砂池运行操作实训。

2.3　实训步骤与指导

曝气沉砂池的运行：

（1）操作人员根据池组的设置与水量变化，应调节沉砂池进水闸阀。宜保持沉砂池污水设计流速。

（2）曝气沉砂池的空气量，应根据水量的变化进行调节（说明：当沉砂池进水量加大时，应增加空气量，反之，应减少空气量，气水比不大于 0.2 时大部分砂粒恰好呈悬浮状态）。

（3）运转中如需要放空，应关闭进水闸，打开沉砂池底部的放空闸。

（4）根据每日的沉砂量，及时排砂，定期清除浮渣。浮渣应放在指定的地点，及时清除。

（5）沉砂池排出的砂应及时外运，不宜长期存放。

（6）要求每隔 2h 采集一次水样，送化验室检测。

（7）要经常检查溢流管及排渣井是否堵塞，如发现堵塞要及时清理。

2.4　曝气沉砂池的维护与管理

1.曝气沉砂池的污水存在着两种运动轨迹，其一为水平流动（流速一般取 0.1m/s，不得超过 0.3m/s），同时，由于在池的一侧有曝气作用，因而在池的横断面上产生旋转运动，整个池内水流产生螺旋状前进的流动形式。旋转速度在过水断面的中心处最小，在池的周边则为最大。空气的供给量应保证在池中污水的旋流速度达到 0.25～0.4m/s 之间，一般取 0.4m/s。

2.沉砂量取决于进水的水质，运行人员必须认真摸索和总结砂量的变化规律，及时将沉砂排放出去。排砂间隔时间太长会堵卡排砂管和刮砂机械，而排砂间隔时间太短又会使排砂数量增大、含水率增高，从而增加后续处理的难度。曝气沉砂池的曝气作用常常会使池面上积聚一些有机浮渣，也要及时清除，以免重新进入水中随水流进入后续生物处理系统，增加后续处理的负荷。

3.沉砂池上的电气设备应做好防潮湿、抗腐蚀处理（沉砂池上的电气控制柜宜安装在距水面较远的地方，而且密封性能要好。污水蒸发后，除空气潮湿外，污水中释放的有害气体对电器装置腐蚀性很大，不仅影响使用，也缩短电气设备的使用寿命）。

4.曝气沉砂池在运行中，不得随意停止供气。

5.沉砂池每运行 2 年，应彻底清池检修一次。检修时放空，观察沉砂颗粒分布情况，清理池内所有污物，检修设备和设施。

项目 10　初次沉淀池的运行

【项目实训目标】　通过实训项目，学生应具备以下能力：
1. 正确操作平流式初次沉淀池内行车刮泥机。
2. 对平流式初次沉淀池进行正确的运行操作。
3. 对平流式初次沉淀池内行车刮砂机进行维护管理，能够对故障进行分析、排除。
4. 对平流式初次沉淀池进行维护管理，能够对故障进行分析、排除。

工程案例

　　某市污水处理厂初次沉淀池采用的是平流式沉淀池结构，池底一侧有坡度，坡向另一侧的泥斗，平流式沉淀池按两格并联设计，设有行车刮泥机。

　　平流式初次沉淀池的尺寸为 $21.6m \times 10m \times 6.6m$，池断面面积为 $46.5m^2$，最大水平流速 $6mm/s$，水力停留时间 $1.5h$。

　　平流式初次沉淀池案例工艺施工图和实际图如图 10-1～图 10-3 所示。

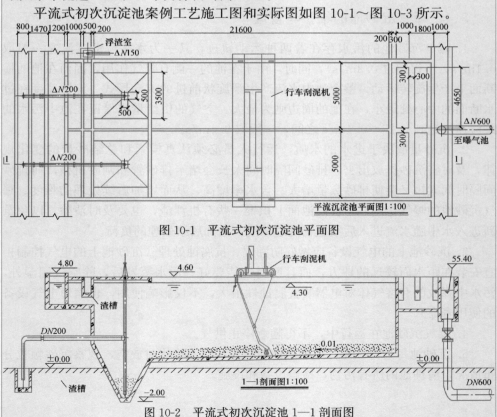

图 10-1　平流式初次沉淀池平面图

图 10-2　平流式初次沉淀池 1—1 剖面图

图 10-3   平流式初次沉淀池现场实物图

任务 1   平流式初次沉淀池行车吸泥机的运行

1.1   实训目的

1. 正确操作平流式初次沉淀池内行车吸泥机。

2. 对平流式初次沉淀池内行车吸泥机进行维护管理，能够对故障进行分析、排除。

1.2   实训内容

平流式初次沉淀池内行车吸泥机的开车前准备及运行操作。

1.3   实训步骤与指导

1.3.1   行车前的准备

(1) 清理池中及行走轮与钢轨面上的杂物，同时查看行程开关的触头是否灵活。

(2) 点动控钮后看行车行走的方向是否正确，是否与安装要求的方向一致，即正向为进水端向出水端行走。

(3) 进行空车试运行，启动开关后正反方向运行数十次，查看设备各部件是否运行正常。

1.3.2   运行操作

(1) 运行按下"启动"按钮，刮洗泥机开始运行，再次按启动按钮，吸泥机运行停止。

(2) 在运行正向到终点时，行程开关撞到原设定位置，即自动停止。停止后按电磁阀开关，一次为破坏虹吸，1min 后按第二次为关闭。

(3) 如需进行反向运行，只要启动反向按钮一次即可实现反向行走。

(4) 运行用电控柜是有远控、自动控制和手动控制三种控制模式。手动时需要选择在手动位置。如需设在自动上，合上电源后，行车不管在出水端还是在中间的位置，它都会把行车反向行驶到起始点，到设定时间后自动进行开虹吸泵形成虹吸，关闭水泵进行正向行走。行走到设定的距离半程自动停下破坏虹吸，自动返回至起点，再到设定的延时后再次启动虹吸泵形成虹吸后关闭水泵，进行正向行走，行走至终点撞到行程开关后，自动打开电磁阀到设定时间后关闭，再次反向运行到起点，延时工作，就这样周而复始地工作着。

1.3.3　平流式初次沉淀内行车吸泥机的维护与管理

1. 正常运行中应注意以下问题：

（1）电动机有杂音，需停机检查电动机。

（2）当听到池底有异常声响，需把池内的水排放干净后检查原因。

（3）如听到扁平电缆运行异常或有卡阻时要及时停机检查修复。

2. 发现行程开关不灵活时必须及时更换。

3. 电磁阀损坏，漏气需更换。

4. 每年定期对设备做一次全面检修，对磨损严重的零件应及时更换，同时做好防腐处理。

5. 吸泥机只要是正常运行的情况下，24h 内要开启吸泥机至少 1 次。以防污泥沉积严重而启动困难，如果启动困难必须人工去除沉积泥，方可重新投入运行。

6. 减速机在第一次运行 3 个月后必须更换润滑油 1 次。以后为每年更换 1 次。

任务 2　平流式初次沉淀池的运行

2.1　实训目的

1. 能对平流式初次沉淀池进行正确的运行操作。

2. 能对平流式初次沉淀池进行维护管理，能够对故障进行分析、排除。

2.2　实训内容

平流式初次沉淀池运行操作实训。

2.3　实训步骤与指导

（1）根据工艺要求及运转情况，运转前检查排泥、放空阀门是否关闭。

（2）初沉池一般采用间歇排泥，因此最好采取自动控制；无法实现自控时，要注意总结经验并根据经验人工掌握好排泥次数和排泥时间。当初沉池采用连续排泥时，应注意观察排泥的流量和排出污泥的颜色，使排泥浓度符合工艺要求。

（3）注意观察初沉池的出水量是否均匀、出水堰出流是否均匀、堰口是否被浮渣封堵，并及时调整或修复。

（4）按规定对初沉池的常规监测项目进行分析化检，尤其是悬浮物（SS）等重要项目要及时比较，确定悬浮物（SS）去除率是否正常，如果下降就应采取必要的整改措施。

2.4　平流式初次沉淀池的维护与管理

（1）根据初沉池吸（刮）泥机的形式，确定吸（刮）泥方式、吸（刮）泥周期的长短。避免沉积污泥停留时间过长造成浮泥、刮泥过于频繁或刮泥太快重新翻动已沉下的污泥。

（2）巡检时注意观察浮渣斗中的浮渣是否能成功排出，浮渣刮板与浮渣斗挡板配合是否适当，并及时调整或修复。

（3）巡检时注意辨听刮泥、刮渣、排泥设备是否有异常声音，同时检查其是否有部件松动等，并及时调整或修复。

（4）排泥管道至少每月冲洗一次，防止泥沙、油脂等在管道内尤其是阀门处造成淤塞，冬季还应当增加冲洗次数。定期（一般每年 1 次）将初沉池排空，进行彻底清理检查。

（5）清捞出的浮渣应集中堆放在指定地点，并及时清除防止发酵腐化。

（6）沉砂池上的电气设备应做好防潮湿、抗腐蚀处理。

（7）沉砂池每运行 2 年，应彻底清池检修 1 次。

项目 11　活性污泥法曝气池的运行

> **【项目实训目标】**　通过实训项目，学生应能具备以下几方面能力：
>
> 1. 能够培养和驯化活性污泥。
> 2. 能够对曝气系统进行操作，并对曝气池进行简单的运行管理与维护。

工程案例

　　某城市污水处理厂采用普通活性污泥法处理城市污水，设计处理能力为 20 万 m^3/d，采用 2 组 4 座推流鼓风曝气池，单池池容为 $16000m^3$，平均流量下的停留时间为 5.5h，4 个曝气池共有 17500 个膜式微孔曝气头，安装于表面积为 $11600m^2$，水深 5.5m 的池底处。进水有机物浓度 BOD_5 为 180 mg/L，二沉池出水有机物 BOD_5 浓度低于 20mg/L，根据进水有机物浓度控制曝气池内污泥浓度在 2.8~3.4g/L 之间，曝气池平面布置如图 11-1 所示。

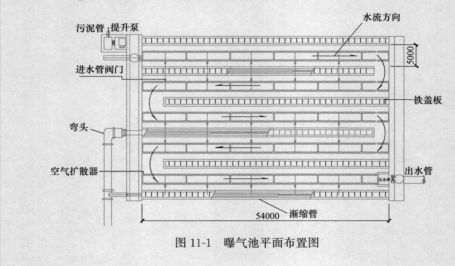

图 11-1　曝气池平面布置图

任务 1　活性污泥的培养驯化

一、实训目的

通过本次实训任务，学生应能具备以下能力：

1. 能够培养和驯化活性污泥。

2. 掌握在培养和驯化过程中的注意事项。

1.2　实训内容

1. 活性污泥的培养。
2. 活性污泥的驯化。
3. 活性污泥培养和驯化时的注意事项。

1.3　实训步骤与指导

1.3.1　活性污泥的培养

1. 将经过粗过滤的浓粪便水投入曝气池，用生活污水（或河水、自来水）稀释至 80% 池容，控制池内 BOD 在 300～500mg/L。

2. 按风机操作规程启动风机进行曝气，经 1～2d 后，池内出现模糊不清的絮凝物，停止曝气。

3. 静置沉淀 1～1.5h 后，排除上清液（排出量约为全池容积的 50%～70%）。

4. 再向曝气池投加新鲜粪便水和稀释水，并继续曝气。停止曝气到重新曝气的时间不应超过 2h。每天换水 1 次，可增至 2 次，以及时补充营养。

5. 通过镜检及测定沉降比、污泥浓度，悬浮状态注意观察活性污泥的增长情况。并注意观察在线 pH、DO 的数值变化，及时对工艺进行调整。

6. 测定初期水质及排水阶段上清液的水质，根据进出水 NH_3-N、BOD、COD、NO_3^-、NO_2^- 等浓度数值的变化，判断出活性污泥的活性及优势菌种的情况，并由此调节进水量、置换量、粪水、NH_4Cl、KH_2PO_4、CH_3OH 的投加量及周期内时间分布情况。

7. 注意观察活性污泥增长情况，当通过镜检观察到菌胶团大量密实出现，并能观察到原生动物（如钟虫），且数量由少迅速增多达到设计值时，说明污泥培养成熟，大约需时 20d 左右，可以进入待处理的城市污水，进行驯化。

1.3.2　活性污泥的驯化步骤

1. 通过分析确认进水各项指标在允许范围内，准备进水。

2. 开始时，待处理废水可按设计流量的 10%～20% 加入，同时补充新鲜水、粪便水及 NH_4Cl。

3. 达到较好的处理效果后，再继续增加废水比重。每次增加的百分比以设计流量的 10%～20% 为宜。并待微生物适应巩固后再继续增加，直至满负荷为止。

4. 满负荷运行阶段，由于池中已培养和保持了高浓度、高活性的足够数量的活性污泥，池中曝气后混合液的 MLSS 达到 3000mg/L，此过程同步监测溶解氧，控制曝气机的运行，并进行污泥的生物相镜检。

1.3.3　微生物培养和驯化期间的质量检验控制

在培驯微生物过程有许多影响处理效果的因素，主要有进水 COD 浓度、pH 值、温度、DO、氨氮、磷、SV、MLSS、生物相镜检等。所以对整个系统通过感官判断和化学分析方法进行监测是必不可少的。根据监测分析的结果对影响因素进行调整，处理达到最佳效果。

1. 温度。在污泥培养时，要将它们置于最适宜温度条件下，使微生物以最快的生长速率生长，其最佳温度应控制在 15～35℃。

2. pH 值。分析频次为每日 3 次。应控制曝气池内 pH 值在 6.5～8.5 之间，从而使活性污泥产生较多黏性物质及菌胶团，形成良好的絮状物。

3. 营养物质。氨氮、磷、BOD_5 分析频次为每日 1 次。当废水的营养物质不足时，应按 BOD_5：N：P＝100：5：1 的比例补充氮源、含磷无机盐，为活性污泥的培养创造良好的营养条件。

4. 悬浮物质（SS）。分析频次为每日 1 次。污水中含有大量的悬浮物，通过预处理悬浮物已大部分去除，但也有部分不能降解，曝气时会形成浮渣层，但不影响系统对污水的处理。

5. 溶解氧量 DO。分析频次为每日 10～12 次。在活性污泥的培养中，DO 的供给量要根据活性污泥的结构状态、浓度及废水的浓度综合考虑。具体说来，也就是通过观察显微镜下活性污泥的结构即成熟程度，测量曝气池混合液的浓度、监测曝气池上清液中 COD 的变化来确定。根据经验，在培养初期 DO 控制在 1～2mg/L，这是因为菌胶团此时尚未形成絮状结构，氧供应过多，使微生物代谢活动增强，营养供应不足而使污泥自身产生氧化，促使污泥老化。在污泥培养成熟期，要将 DO 提高到 3～4mg/L 左右，这样可使污泥絮体内部微生物也能得到充足的 DO，具有良好的沉降性能。在整个培养过程中要根据污泥培养情况逐步提高 DO。特别注意 DO 不能过低，好氧微生物得不到足够的氧，正常的生长规律将受到影响，新陈代谢能力降低，而同时对 DO 要求较低的微生物将应运而生，优势菌群发生变化，这样正常的生化细菌培养过程将被破坏。

6. 混合液 MLSS 浓度。分析频次为每日 1～3 次。微生物的数量在生物处理工艺中起主要作用，而混合液污泥 MLSS 的数值即大概能表示活性部分的多少。对高浓度有机污水的生物处理一般均需保持较高的污泥浓度，本工程调试运行期间 MLSS 范围在 2.8～3.9g/L 之间，最佳值为 3.3g/L 左右。

7. 污泥的生物相镜检。分析频次为每日 1 次。活性污泥处于不同的生长阶段，各类微生物也呈现出多样性及数量比例的不同。在污水调试运行期间出现的微生物种类繁多，有细菌、真菌、原生动物和后生动物等。原生动物有盖纤虫、累枝虫等，后生动物出现了线虫，如图 11-2 所示。在调试运行后期混合液中会出现固着型纤毛虫，如累枝虫等，说明处理系统有良好的出水水质，可以进行正常运行。

8. 污泥指数 SVI。分析频次为每日 1 次。正常运行时污泥指数应控制在 80L/mg 左右。

1.3.4　活性污泥培养驯化时注意事项

1. 为提高培养速度，缩短培养时间，应在进水中增加营养，如 NH_4Cl、KH_2PO_4、CH_3OH 等。小型污水处理厂可投入足量的粪便，大型污水处理厂可让污水越过初沉池，直接进入曝气池。

2. 湿度对培养速度影响很大。湿度越高，其培养越快。因此，污水处理厂一

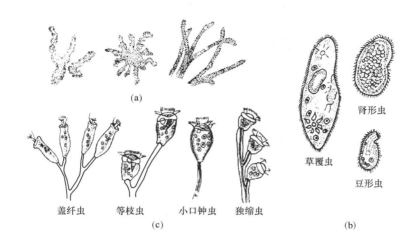

图 11-2　活性污泥微生物

（a）各种形状的菌胶团；（b）自由游泳型纤毛虫；（c）附着型纤毛虫

般应避免在冬季培养污泥，或在冬季设法增加空气湿度但实际中也应视具体情况而定。

3. 污泥培养初期，由于污泥尚未大量形成，产生的污泥也处于离解状态，因而曝气量不要太大，一般控制在设计正常曝气量的 1/2 即可，否则，不易形成污泥絮状体。

4. 培养过程中应随时观察生物相，并测量 SV、MLSS 等指标，以便根据情况对培养过程作出相应调整。

5. 并不是培养出了污泥或 MLSS 达到设计值，就完成了培养工作，而应是出水指标达到了设计要求，排泥量、回流量、污泥龄等指标应全部在设计范围内。

任务 2　曝气系统的运行控制

2.1　实训目的

通过本次实训任务，学生应能具备以下能力：

1. 掌握活性污泥曝气系统的组成及各部分的作用。
2. 正确操作曝气系统。
3. 能够对曝气池进行简单的运行管理与维护。

2.2　实训内容

1. 曝气系统的组成及作用。
2. 曝气系统的控制。
3. 曝气池的运行管理与维护。

2.3　实训步骤与指导

2.3.1　曝气系统的组成与作用

鼓风曝气系统由空气净化器、风机、空气扩散装置和管道系统组成，其作用是向曝气池供给微生物增长及分解有机物所需的氧气，并起到混合搅拌的作用，使活性污泥与有机物充分接触。鼓风机将空气通过管道输送到安装在曝气池底部的空气扩散装置。鼓风机安装在专用的鼓风机房中，为了缩短管道系统的长度，减少空气压力损失，一般鼓风机房设置在曝气池附近。空气管路系统是用来连接鼓风机和空气扩散装置的，由于扩散装置易被尘埃，铁锈等堵塞，因此鼓风机送入的空气一定要经过过滤。鼓风曝气系统的压缩空气一般通过多孔曝气头、穿孔曝气装置、水射器或静态混合器进入曝气池，多孔曝气头和穿孔管曝气适用于推流式的曝气池，这种曝气池有较长的廊道和较小的过流断面。一般曝气头被安放在曝气池一侧的底部，这样布置可使水流在池中呈螺旋状前进，增加气流和水的接触时间。曝气池池深一般 4.5～7.5m，宽深比对于池内的混合效果也非常重要。如果宽深比不合适，可能在池中形成死区，造成污泥沉淀。宽深比一般在 1：1～2.2：1 之间，其中 1.5：1 最为常见。膜式微孔曝气头，如图 11-3 所示，宽深比为 1：1，安装完成后的曝气池，如图 11-4 所示。

图 11-3　微孔曝气头

图 11-4　安装完成后的曝气池

2.3.2　鼓风曝气系统的运行控制

1. 试车准备。试运转之前，应确认现场设备系统的下述各项工作：仪表柜和管道上的显示器安装要符合规范且有日常监测的足够空间。可存放大修时拆卸的部件。

（1）鼓风机的通风廊道内应保持清洁，严禁有任何物品。

（2）管道检查。检查进口空气过滤器消声器及防雨装置的安装情况，否则进入的灰尘可以引起叶轮的磨损；清理进出气管路中在安装工作期间进入的雨水、焊渣和其他杂物。尤其是要认真地清理进气侧的管道，以免吸入杂质损坏叶轮。

（3）气源检查。若气动控制，检查控制空气仪表，要求没有油、水分、杂物，残留水分不可超过 20ppm。

（4）油系统检查。放掉油箱中剩余的油，在空油箱的情况下，拆下油箱排气盖，并用海绵包住孔口，注入规定的润滑油约至游标上位。试运转辅助油泵，使油循环 4h 后，清洗油过滤器，再运行 5h，清洗油过滤器，直至无杂质为止。检查油路系统阀及仪表的动作灵敏度，尤其是保证安全运行的油压低报警、油温高报警、轴承温度、振动高报警等功能的可靠性，包括辅助泵在油压低时自动启动功能的验证。

（5）空气管道阀门系统的检查。A. 检查进口导叶电动执行器、电动放空阀、电动进出口碟阀的执行器安装是否牢靠；动作是否灵活。B. 检查各系统法兰和垫片紧密度，紧固法兰螺栓、支架螺栓、地脚螺栓等。C. 确认电机的旋转方向符合要求，然后再将两半联轴器连接起来，并将护罩安装就位。D. 检查各类支撑是否足够牢，不松动、摇动或振动，杜绝管道重量落在鼓风机上。

（6）进口导叶开至启动位置（最小开度），放空阀、出口阀全开。

（7）防喘振装置调试模拟运行正常。（按制造厂家的防喘振曲线方程输入 PLC 柜实施控制）

（8）确认油冷却水温度（小于 32℃）、压力（0.2～0.4MPa）、流量（10m³/h）符合要求。

（9）确认电气接线是否安全可靠。

2. 试运行

（1）确认启动条件，进行下述工作：

A. 进口导叶开至启动位置。

B. 放空阀全开。

C. 油温≥15℃。

D. 油压稳在 0.12～0.3MPa。

E. 出口阀全开。

F. 轴承温度≤90℃。

注意：鼓风机出口必须接入系统后，方可进行运转试验。当多台鼓风机并联时，要确认其他鼓风机的进出口阀门处于关闭状态，防止窜风引起其他鼓风机倒转，损坏其他鼓风机。

（2）点动：确认旋转方向各转动部件无异常摩擦和碰刮现象后，全速点动。确认无异常的振动和噪声后，低负荷运转（即：进口导叶开度 50%，放空阀适当开度，控制电机电流在额定电流以下），约 5～8h 的跑合运行后，轴承温升、振动检测无异常，可以直接进行满负荷运转，即打开进口导叶，逐渐关小放空阀，注意排气的升压应当缓慢进行，逐渐达到设计工况，满负荷运行时间不少于 24h。

3. 正常运动前的启动准备。经过试车合格后，设备方可进入正常的运行，在正常运行前需确认以下方面内容：

（1）确认油箱中的油位，打开辅助油泵，运行 1～2h。

（2）确认润滑油的温度≥15℃。

（3）确认增速箱轴承是否能润滑。

（4）确认油冷却器是否接通冷却水。

（5）确认电源的提供。

4. 运转

（1）确定起动条件之后（与试运行起动条件相同），用手转动鼓风机，应转动灵活，做到无异常声音。接通主电机电源，启动主电机。

（2）在主电机起动到额定转速 2min 后，辅助油泵手动停机，并将其转换到自动挡位；设置流量值，将其转换到自动挡位，再逐步打开进口导叶后检查三相电流是否平衡（这时密切注意主电机的电流不得超过额定电流），然后关闭放空阀。

（3）当润滑油温度≥45℃时打开油冷却器的冷却水阀，打开油冷却器管道上的水阀，通过进水阀调整冷却水的循环量，当润滑油温度保持在 35～45℃ 之间时，可完全打开冷却水出口阀。

（4）根据工况要求调整进口导叶的角度。经过上述处理和调整后，鼓风机会处于正常工作状态。根据需要调整进口导叶开度，调至设计流量或需要的流量。

5. 停机

（1）在关闭主电机前首先打开放空阀，然后关闭主电机电源。

（2）主油泵自动停机，辅助油泵自动起动。鼓风机的每个设备停机约 20min 之后，手动关闭油冷却器的水源和辅助泵（若关闭进水和排水阀是长期停机的话，应放掉油冷却器内的水）。关闭进出口蝶阀。

（3）确认油箱内的油位是否正常，若油位升高，油冷却器的冷却管受到损坏，冷却水混入润滑油。若油位降低，可能是油冷却器的冷却管受到损坏，润滑油漏入冷却水侧，或润滑油管路中有泄漏。

（4）操作人员严格执行交接班制度，并做好设备安全运行记录。

2.4　曝气系统的运行管理与维护

2.4.1　空气扩散器的维护与管理

1. 污水处理厂采用的曝气设备主要有三类，即陶瓷微孔扩散器、橡胶膜微孔扩散器和曝气转刷。前两类主要应用在鼓风曝气设备上，也称为曝气头，也是活性污泥工艺中最常用的曝气装置。曝气转刷为表面曝气设备，主要应用在氧化沟工艺中。

对于曝气器，主要的问题是膜孔的堵塞，堵塞将会增加曝气器的阻力损失和能量消耗。曝气器堵塞的主要原因为：

（1）风机供气质量不佳。

（2）钙质、铁类积垢。曝气器堵塞将引起阻力损失的增加和充氧能力的下降，通过定期清洗曝气器，整个曝气系统可以在较长时间维持较高的通气量和氧转移效率以及较低的阻力损失，从而提高动力效率，减少运行费用。

（3）在处理池排空或提升曝气器系统时，注意不要让曝气器处的沉淀物干燥，即曝气器必须立即清洗，沉淀物干燥将会影响曝气器的性能。因此，需要从最开始时便定期检查此类沉淀物，制定相应的清理时间周期。

2. 微孔扩散器的清洗方法。根据堵塞程度确定清洗方法。清洗方法分以下三种：

（1）在清洗车间进行清洗，包括回炉火化、磷硅酸盐冲洗、酸洗、洗涤剂冲洗、高压水冲洗等方法。

（2）停止运行，在池内清洗，包括酸洗、碱洗、水冲、气冲、氯冲、汽油冲、超声波冲等方法。

（3）不拆扩散器，也不停止运行，在工作状态下用自动清洗装置清洗（甲酸自动清洗）。现在污水处理厂主要使用自动清洗装置对曝气装置进行清洗。甲酸通过专用装置喷入空气管道中，溶解气孔中的积垢，从而达到清洗的目的。此种方法不适用灰尘堵塞，解决灰尘堵塞的根本方法是对空气过滤。

2.4.2　空气管道的维护和管理

压缩空气管道的常见故障有以下两类：

1. 管道系统漏气。产生漏气的原因往往是因为选择材料质量不佳或安装质量不好。

2. 管道堵塞。管道堵塞表现在送气压力、风量不足、压降太大，引起原因一般是管道内的杂质或填料脱落，阀门损坏，管内有水冻结。

排除办法是：修补或更换坏管段及管件，清除管内杂质，检修阀门，排除管道内积水。在运行中应特别注意及时排水，空气管道系统内的积水主要是鼓风机送出的热空冷凝中的水蒸气冷凝形成的，因此不同季节形成的冷凝水量不同，冬季水量较多，应增加排放次数。排除的冷凝水应是清洁的，如果发现油花，应立即检查鼓风机是否漏油；如发现有污浊，应立即检查池内管线是否破裂导致混合液进入管路系统。

2.4.3　鼓风机的运行维护

鼓风机在运行时应注意以下几方面事项。

1. 检查各部位的紧固件及定位销是否有松动现象。

2. 经常检查机体有无漏油现象。

3. 注意润滑是否正常，注意润滑油脂量，经常倾听风机的运行是否有杂声，注意机组是否在规定的工况下运行。

4. 要经常检查风机有无局部温升等异常，要保证冷却水畅通。

5. 经常检查进风口气体过滤器，及时清扫或更换滤料。

6. 要经常检查联轴器使用情况，常注意并定期测听机组运行的声音和轴承的振动，严禁离心鼓风机组在喘振区运行。

7. 注意进气温度对鼓风机运行工况的影响，如排气容积流量、运行负荷与功率、喘振的可能性等，及时调整进口导叶或蝶阀的节流装置，克服进气温度变化对容积流量与运行负荷的影响，使鼓风机安全稳定运行。

8. 新机或大修后，油箱应加以清洗，并按使用步骤，投入运行 8h 后更换全部润滑油。

9. 做好日常读表记录，进行分析对比。

鼓风机在运行中发生下列情况之一，应立即停车检查和维护：A. 机组突然发生强烈震动或机壳内有刮磨声。B. 任一轴承处冒出烟雾。C. 轴承温度忽然超过允许值，采取各种措施仍不能降低。

2.4.4　曝气池运行管理时的注意事项

1. 经常检查和调整曝气池配水系统和回流污泥分配系统，确保进入各系列或各曝气池的污水量和污泥量均匀。

2. 按规定对曝气池常规监测项目进行及时的分析化验，尤其是 SV、SVI 等容易分析的项目要随时测定，根据化验结果及时采取控制措施，防止出现污泥膨胀。

3. 仔细观察曝气池内泡沫的状况，判断泡沫异常增多的原因，及时并采取相应措施。

4. 仔细观察曝气池内混合液的翻腾情况，检查空气曝气器是否堵塞或脱落并及时更换，确定鼓风曝气是否均匀、机械曝气的淹没深度是否适中并及时调整。

5. 根据混合液溶解氧的变化情况，及时调整曝气系统的充氧量，或尽可能设置空气供应量自动调节系统，实现鼓风机的运行台数曝气机变速运行自动化调整。

6. 及时清除曝气池边角处漂浮的浮渣。

项目 12　二次沉淀池的运行

【项目实训目标】　通过实训项目，学生应能具备以下能力：

1. 掌握二次沉淀池的组成，各组成部分的作用及特点。
2. 能够正确操作回转式刮泥机，能够进行基本的维护与保养及简单的故障分析。
3. 能够根据曝气池及二次沉淀池的运行参数控制污泥回流系统和剩余污泥排放系统。
4. 能根据二次沉淀池的常规检测项目进行日常维护管理，并能对异常情况进行分析并采取相应措施。

工程案例

某市污水处理厂处理水量为 20 万 m^3/d，进出水水质如表 12-1 所示。该污水处理厂采用一座配水井服务于 4 座沉淀池，沉淀池为半地下式钢筋混凝土构筑物，圆形结构，采用周边进水周边出水形式，直径 $D=52m$，单池流量 $Q=2710m^3/h$，最大表面负荷 $q_{max}=1.38m^3/(m^2 \cdot h)$，平均表面负荷 $q_{av}=0.95m^3/(m^2 \cdot h)$，池边有效水深 4.2m，设计停留时间 3.5h，平均停留时间 4.0h。沉淀池的刮泥设备采用周边传动刮吸泥机，机型全称为全桥式周边传动静压式吸泥机，如图 12-1、图 12-2 所示。

某市污水处理厂进出水水质见表 12-1。

某市污水处理厂进出水水质表（单位：mg/L）　　　　　　　　　表 12-1

水质指标	进水浓度	经常运行范围	出水标准
BOD_5	200	120～180	≤20
COD_{Cr}	320	180～280	≤60
SS	240	100～220	≤20
$NH_3\text{-}N$	30	15～28	≤10
磷酸盐（以磷计）	4.5	2.0～4.0	≤0.5

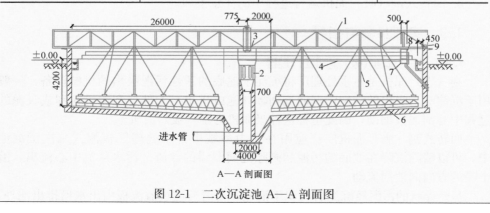

图 12-1　二次沉淀池 A—A 剖面图

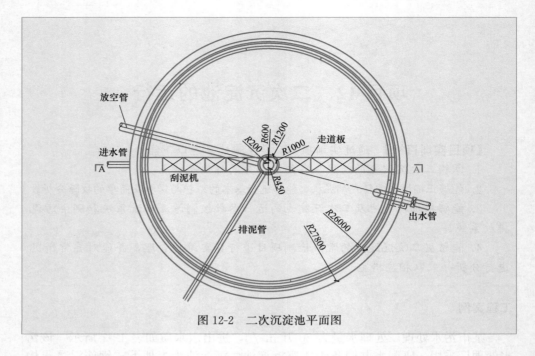

图 12-2　二次沉淀池平面图

任务 1　排泥及浮渣去除设备的操作

1.1　实训目的

通过本次实训任务，学生应能具备以下能力：

1. 掌握回转式刮（吸）泥机的组成和工作过程。
2. 能对回转式刮（吸）泥机进行运行操作。
3. 能对回转式刮（吸）泥机进行基本的维护保养与故障分析和排除。

1.2　实训内容

1. 回转式刮（吸）泥机工作过程。
2. 回转式刮（吸）泥机的操作步骤。
3. 回转式刮（吸）泥机运行过程中的注意事项。

1.3　实训步骤与指导

1.3.1　回转式刮（吸）泥机工作过程

刮（吸）泥机是污水处理厂将沉淀于池底的活性污泥吸出的机械设备，一般用于沉淀池，吸出的活性污泥回流到曝气池或排出。大部分刮泥机在刮或吸泥的过程中有刮泥板辅助，因此也称这种吸泥机为刮（吸）泥机。

回转式刮（吸）泥机广泛应用在大中型城市污水处理厂辐流式二次沉淀池中，可以清除沉降在池底的污泥和撇除池面漂浮的浮渣。污水从池中心流出，沿半径的方向向池周流动。

呈悬浮状的污泥经沉淀后沉积于池底，上清液通过溢流板由出水槽排出池外，污泥刮板固定在桁架上，桁架绕池中心缓慢旋转，把沉淀污泥推入池中心处的污泥斗中，然后借静水压力排出池。刮（吸）泥机主梁在周边驱动装置的带动下，以中心旋转支座为轴心沿池顶以 2.0m/min 线速度行驶，主梁下部连接支架、污泥刮泥板等。近液面处设置浮渣刮板，沿中心稳流筒延伸至铰链式刮渣耙，当主梁旋转时，浮渣刮板将液面的浮渣由池中心撇向池周，收集在铰链式刮渣耙区内，收集的浮渣随主机在池周运动至撇渣斗，通过刮渣耙的铰链活动刮到撇渣斗内，排至池外。

回转式刮（吸）泥机就其驱动方式，分中心驱动和周边驱动两种运行方式。

（1）中心驱动：它的驱动电极、减速机等都安装在刮（吸）泥机的中心平台上，减速机带动着固定在转动支架相的大齿圈，驱动机架旋转。中心驱动式刮（吸）泥机机架的结构形式多种：一种是桥式，桥架的两端有支撑轮与环形轨道，机桥绕中心转动时带动吸泥管转动；一种是悬索式，在桥架的中心有一塔状支架，数根钢索从支架牵拉住桥架，有些桥架上还设置了浮箱，用以在运行时减轻钢索的拉力；另一种桥架是固定的，吸泥管固定在旋转支架上，随旋转支架转动。中心驱动吸泥机由于其结构的限制，一般仅安装在直径在 30m 以下的中小型沉淀池上。

（2）周边驱动：这种驱动形式在回转式刮（吸）泥机上的应用比中心驱动式广泛，直径在 30m 以上的大型刮（吸）泥机，多采用这种驱动形式。采用桥式结构，在桥架的一端如图 12-3 所示或两端如图 12-4 所示安装驱动电机及减速机，用以带动驱动钢轮（有钢轨）或胶轮

图 12-3　半桥式周边传动刮（吸）泥机

（无钢轨）运转，从而使整个桥架转动，吸泥管、导泥槽、中心泥罐等一起随桥架转动。

图 12-4　全桥式周边传刮泥机

回转式刮（吸）泥机主要由以下几个部分组成：桥架、端梁、中心部分、工作部分、驱动装置和浮渣排除装置。

1.3.2　回转式刮（吸）泥机主要特点

1. 驱动装置采用轴装式齿轮减速电机与主动滚轮直联传动，结构紧凑，机械效率较高。

2. 刮板以对数螺旋线轨迹集泥，连续性好，集泥的效率较高。

3. 设置机械和电气双重过载保护，运行平衡，工作安全可靠。

4. 刮集污泥效果好、排出污泥含水率低。

5. 结构简单、维护管理方便、可实现远程控制。

1.3.3　回转式刮（吸）泥机的操作步骤

1. 开车前的检查准备及启动

(1) 检查各润滑处润滑油脂的油量和油质是否符合要求。

(2) 检查各部位紧固螺栓有无松动，并紧固之。

(3) 检查电机与减速机连接带有无松脱，断裂或扭曲现象。

(4) 清扫车轮轨道。

(5) 打开空气管路阀门，检查管理和回转接头不得有泄漏现象。

(6) 检维后第一次运行应检查电机转向是否正确。

(7) 摘除电机与减速机连接皮带。

(8) 按动配电箱启动按钮，让电机运转，观察电机轴转向是否能使刮泥机沿顺时针方向转动，若方向相反，要变换电机的一对接线，绝不允许电机反转。

(9) 按下配电箱停止按钮，待电机停转后将电机与减速机轴向连接，皮带套入皮带轮中，装好皮带安全罩。

(10) 按下配电箱启动按钮，设备即开始运转。

2. 运行：按下"启动"按钮，刮（吸）泥机运行。

3. 停机：按"停止"按钮，刮（吸）泥机停止转动。

1.3.4　运行中注意事项

1. 检查前后两台电机的运转同步，声音正常后方可离开。

2. 经常观察，定时记录电流、电压等数值，注意电流表读数，不得超过电动机的额定电流且不应有异常波动。若有异常应停机向主管部门报告。

3. 经常检查配电箱内电器工作状态，不应有风声和接触不良等情况。

4. 电机和减速机轴承温升不得大于 $35℃$，最高不得超过 $65℃$。如过高，应立即停机，并向主管部门反映，待处理后方可运行。

5. 检查行走胶轮转动情况，若橡胶严重开裂或磨损，应及时向主管部门反映，更换胶轮。

6. 突然停车时，必须立即将污泥控制室内闸阀开启，直到污泥全部排尽后，才允许再次开车，以免电机过载烧毁。

7. 刮泥机一般连续运行，不能长时间停机不用，以防污泥沉积严重而导致启动困难。如果长时间不用，需放空池中污水，人工去除沉积在刮泥机表面的污泥。

8. 应经常保持池子周边干净无杂物，且大块的杂物不允许掉落池内，要及时清理干净。

9. 每日擦拭设备，做到无油污无灰尘。

10. 每年定期对刮泥机做一次全面检修，磨损严重的零件应及时更换，同时定期油漆设备，防止生锈。

11. 检查空气管路各接口应严密不漏气，各阀门启闭灵活可靠。

1.4 刮（吸）泥机的维护管理及日常见故障分析

1.4.1 维护和检修

1. 定期检查传动和润滑部分，使刮（吸）泥机启闭灵活，便于调整，定期给回转支承内添加润滑脂（一般 3 个月 1 次），回转支承裸露表面定期涂防锈油（一般 3 个月 1 次）

2. 刮（吸）泥机的行走机构应定期检修。

3. 按相应减速机制造厂说明书要求，对各减速机进行维护保养。

4. 刮（吸）泥机在各种机械性能完好的情况下运转，不得"带病"运行，每年进行一次全设备的大检查，磨损严重的零件应及时更换。

5. 电气维修应由专业人员进行，并熟悉电气原理。

6. 为保证操作人员的安全并延长护栏等使用寿命，应做防腐处理。

1.4.2 刮（吸）泥机常见故障及处理

1. 集电环受潮。

原因：由于雨天和池中水汽蒸发常会引起集电环受潮短路、断电。

措施：可准备备件及时更换；改进遮雨及通风条件。

2. 行走轮发出有规律的响声。

原因：由于制作和安装调整时，不可避免地产生行走轮经向线不在行走轨迹的切点上，行走时产生的误差累积到一定程度，行走轮就会发生移动，自动强行校正轨迹，此时必然产生响声。

措施：适当松动发声的行走轮轴承座螺栓，用木槌或铜棒轻击纠偏，待无声时，锁紧螺栓。

3. 清洗刷不到位，清洗效果差。

原因：由于清洗刷的磨损经一定时间的运行后，清洗刷不能有效地接触清洗壁面而造成，此外由于集水槽不圆会造成清洗刷的间断脱离。

措施：重新对清洗刷定位或更换清洗刷；纠正集水槽的圆度。

4. 桥架振动，有规律地产生声响。

原因：由于中心柱和中心传动机构的同轴度发生偏移，或是中心支座水平发生偏差造成。

措施：纠正同轴度，使其控制在 $\phi 5 mm$ 之内；纠正水平度，使其控制在 $0.1 mm/min$ 之内。

5. 周边行走电机及其变速箱发热，噪声加大。

措施：检查润滑油的情况，使之满足润滑条件；检查轴承、齿轮是否损坏，及时更换；电动机发热还需检查相位，接触等其他因素，并排除。

6. 吸泥管堵塞。

原因：由于长时间停车，使沉淀池污泥含水量＜99.2%，往往会在开机时吸不上泥。

措施：开大调节阀，加大液面压差；用高压水冲洗吸泥管底部。

任务 2　污泥量的调节操作

2.1　实训目的

通过本训练任务，学生应具备以下能力：

1. 能够根据曝气池或二次沉淀池的运行参数控制污泥回流系统。
2. 能够根据曝气池或二次沉淀池的运行参数控制剩余污泥排放系统。

2.2　实训内容

1. 污泥回流系统的运行操作。
2. 剩余污泥排放系统的运行操作。

2.3　实训步骤与指导

2.3.1　污泥回流系统及剩余污泥排放系统的组成和作用

1. 污泥回流系统

污泥回流系统是将二次沉淀池中沉淀下来的绝大部分活性污泥回流到曝气池，以保证曝气池有足够的微生物浓度。回流污泥系统包括回流污泥泵和回流污泥管道或渠道。回流污泥泵的形式有多种，一般有离心泵、潜水泵，也有螺旋泵。在选择回流设备时应首先考虑的因素是不破坏污泥的特性，且运行稳定可靠等。例如回流污泥泵的选择应充分考虑大流量、低扬程的特点，同时转速不能太快，以免破坏絮体。回流污泥渠道上一般应设置回流时的计量及调节装置，以准确控制及调节污泥回流量。该污水处理厂的回流污泥采用 4 台变频调速潜水轴流泵，单台性能为 $Q = 1000\text{m}^3/\text{h}$，$H = 4.2\text{m}$，$N = 30\text{kW}$，另外备用 2 台。

2. 剩余污泥排放系统

随着有机污染物被分解，曝气池活性污泥每日净增，这部分活性污泥称为剩余活性污泥。为保证曝气池内微生物数量恒定，应通过剩余污泥排放系统排放每天新增长的污泥量。有的污水处理厂采用泵排放，有的则可以直接用阀门排放。剩余污泥可以从回流污泥中排放，也可以从曝气池内直接排放。从曝气池内直接排放可以减轻二次沉淀池的部分负荷，但增大了污泥浓缩池的负荷。在剩余污泥管线上应设置计量及调节装置，通过调节阀门的开启程度及计量设备准确控制排泥量。该污水处理厂采用 2 台潜水泵排放剩余污泥，单台性能为 $Q = 75\text{m}^3/\text{h}$，$H = 9.5\text{m}$，$N = 4.0\text{kW}$，另外备用 2 台。

2.3.2　污泥回流系统的运行控制

污泥回流系统的控制是二级污水处理中最重要和最关键的因素，其实质是使污泥在生物反应池和二次沉淀池中合理分配。污泥回流比是指曝气池中回流污泥的流量与进水流量的比值。通过调整回流比 R，可使生化反应池中 MLSS 增加或减少，由此可使污泥负荷 F/M、污泥代谢活性、出水水质、污泥沉降性等性能指标发生改变。在污泥回流系统的控制过程中，主要的技术参数有污泥回流比和污泥回流量。

1. 定污泥回流量 Q_R 控制

定回流量控制是最常用且最简单的控制方法，它不考虑进水负荷变化而按一定流量控制污泥回流，因而并不是最理想的控制方法。通常白天与夜间可按两个不同的设定值来控制回流污泥量。这种控制方式通常适用于进水水量相对恒定或波动不大的情况。一般大型污水处理厂来水相对变化较小，而且可以通过泵前集水井与管道存水，实现均衡进水，在液位可承受范围内，恒定流量，此时采用定 Q_R 控制简单便利易实现。但如果流量变化较大，会出现一系列问题，因为流量的变化会导致污泥在二次沉淀池和生化反应池中重新分配。当进水流量增大时，部分生化反应池中的污泥会转移到二次沉淀池，从而使曝气池内的 MLSS 值降低，而此时生化反应池却需要较高的 MLSS 去处理增加的污水；同时二次沉淀池内污泥增加会导致泥位上升，有污泥流失的可能。反之，当流量减小时，部分污泥会从二次沉淀池转移到生化反应池，使 MLSS 升高，而此时生化反应池却并不需要太高的 MLSS。

2. 定回流比 R 控制

正确地控制污泥回流比是使系统保持良好状态重要因素之一。保持相对稳定的回流比，在入流水质波动不大的情况下，可以保持 MLSS、F/M 以及二次沉淀池内泥位基本不变，而且均不随入流水量的变化而变化。从而可以保证系统相对稳定的处理效果。

3. 确定系统的最佳回流比控制

依据污泥的最低沉降比来确定回流比是一种效果较好的办法。当污泥在二次沉淀池内沉降至最大浓度时使其回流，既可确保混合液在二次沉淀池内良好的泥水分离、避免发生反硝化和磷的二次释放，又可保证回流污泥的浓度最大、避免过量的硝酸盐带到厌氧段而影响除磷效果。通过对污泥的沉降实验，可以得到解决该污泥的沉降曲线，曲线拐点处对应的值即为最低沉降比 SV_X。根据回流比与沉降比的关系可以计算此时系统的最佳回流比 $R = SV_X (100 - SV_X)$。

2.3.3 回流量和回流比的确定方法

不管哪种控制方式，都需要确定合适的回流量或回流比。回流量及回流比的确定或调节有以下几种方法。

1. 按照二沉池的泥位调节回流比

（1）根据具体情况选择一个合适的泥位 L_s 和污泥层厚度 H_s。

（2）泥层厚度一般应控制在 0.3～0.9m 之间，且不超过泥位 L_s 的 1/3。

（3）调节回流污泥量，使泥位 L_s 稳定在所选定的合理值。

（4）增大回流量 Q_r，可降低泥位，减少泥层厚度，反之，降低回流量 Q_r 可增大泥层厚度。

注意：调节幅度每次不要太大，如调节回流比，每次不要超过 5%。具体每次调节多少，多长时间以后调节下一次，应根据本厂实际情况决定。一般情况下，入流污水量一天之内总在变化，泥位也在波动，为稳妥起见，应在每天的流量高峰，即泥位最高时，测量泥位，并以此作为调节回流比的依据。

2. 按照沉降比 SV 调节回流量或回流比

（1）假设沉降试验基本上与二沉池沉降一致，则由测得的 SV_{30} 值可以计算回流比，用于指导回流比的调节。

（2）回流比与沉降比之间存在以下关系 $R = \dfrac{SV_{30}}{100 - SV_{30}}$。

（3）为使 SV_{30} 充分接近二沉池内的实际状态，式中的 SV_{30} 尽量采用 SSV_{30}，即搅拌状态下的沉降比，提高回流比控制的准确性。

3. 按照回流污泥浓度 RSS 及混合液的浓度 MLSS 调节回流比 R 与 RSS 及 MLSS 的关系如下：

$$R = \frac{MLSS}{RSS - MLSS} \tag{12-1}$$

该法只适用于低负荷工艺，即入流 SS 不高的情况下，否则会造成误差。

4. 依据污泥沉降曲线调节回流比

易沉污泥达到最大浓度所需时间短，反之沉降性能差的污泥需求较长的时间。回流比的大小直接决定二沉池内的沉降浓缩时间。对于某种污泥，如果调节回流比使污泥在二沉池内的停留时间恰好等于该种污泥通过沉降达到最大浓度所需要的时间，则此时回流污泥浓度最高。沉降曲线的拐点处对应的沉降比，即为该种污泥的最小沉降比。

上述各种方法各有优缺点，根据泥位调节回流比，不易造成泥位升高而使污泥流失，出水 SS 较稳定，但回流污泥浓度 RSS 不稳定。按照 SV_{30} 调节回流比，操作非常方便，但当污泥沉降性能不佳时，不易得到高浓度的 RSS，使回流比较实际需要值偏大。按照 RSS 和 MLSS 调节回流比，由于要分析 RSS 和 MLSS，比较麻烦，可作为回流比的一种校核方法。用沉降曲线调节回流比简单易行，可获得较高的 RSS，同时使污泥在二沉池内停留时间最短。该法尤其适于硝化工艺及除磷工艺。

本案例污水处理厂在流量变化不大的情况下采用定回流量控制，当单池进水量在 $2500 \sim 2700 \mathrm{m^3/h}$ 时，回流量控制在 $3000 \mathrm{m^3/h}$ 左右；当流量变化较大时，采用定回流比控制，回流比通常控制在 $100\% \sim 120\%$ 之间，并经常用 MLSS 和 RSS 校验，同时还经常观测泥位，防止泥位太高，造成污泥流失。

2.3.4　剩余污泥量的运行控制

活性污泥系统每天都要产生一部分新的活性污泥，使系统内总的污泥量增多。要使总的污泥数量保持平衡，就必须定期排放一定数量的剩余活性污泥。排泥是活性污泥工艺控制中最重要的一项操作程序。通过排泥量的调节，可以改变活性污泥中微生物种类、增长速度、需氧量及污泥的沉降性能，因而可以改变系统的功能。当入流水质水量及环境因素发生波动，活性污泥的工艺状态也将随之变化，从而导致处理效果不稳定。通过排泥量的调节，可以克服上述波动或变化，保证处理效果的稳定。

1. 用 MLSS 控制排泥。用 MLSS 控制排泥系统是指在维持曝气池混合液污泥浓度恒定的情况下，确定排泥量。首先根据实际状况确定一个最佳的 MLSS 值。传统活性污泥工艺的 MLSS 一般在 $1000 \sim 3000\text{mg/L}$ 之间。例如本工程 MLSS 一般为 3000mg/L，当实际 MLSS 比要控制的 MLSS 值 3000mg/L 高时，应通过排泥降低 MLSS 值。反之，当实际的 MLSS 低于要控制的 MLSS 值时，应减少排泥量。排泥量 V_m 可用式（12-2）计算。

$$V_m = \frac{(\text{MLSS} - \text{MLSS}_0)V_a}{\text{RSS}} \qquad (12\text{-}2)$$

式中　MLSS——实测曝气池内污泥浓度，mg/L；

　　　MLSS_0——曝气池内要维持的污泥浓度，mg/L；

　　　V_a——曝气池容积，m^3；

　　　RSS——回流污泥浓度，mg/L。

一般来说，活性污泥工艺是一个渐进过程，在控制总的排泥量的前提下，每次尽量少排勤排，如有可能，应连续排泥。这种排泥方法比较直观，易于理解。实际上很多污水处理厂都用这种方法，但该方法仅适于进水水质水量变化不大的情况。有时这种方法容易导致误操作。例如，当入流 BOD 增加，MLSS 必然会上升，此时如果仍通过排泥保持恒定的 MLSS 值，则实际上会导致污泥负荷增加，出水水质将严重下降。

2. 用 F/M 控制排泥。F/M 中的 F 一般无法人为控制，只能控制曝气池中微生物的量 M。如果不改变曝气池投运数量，则问题就变成控制曝气池中的污泥浓度。但该方法不是单纯将污泥浓度保持恒定，而是通过改变污泥浓度，使 F/M 基本保持恒定。排泥量的计算公式见式（12-3）。

$$V_m = \frac{\text{MLSS} - V_a - \text{BOD}_I \cdot Q \left/ \left(\dfrac{F}{M}\right)\right.}{\text{RSS}} \qquad (12\text{-}3)$$

式中　V_a——曝气池容积，m^3；

　　　BOD_I——入流污水的 BOD_5 值，mg/L；

　　　RSS——回流污泥浓度，mg/L。

当入流污水水质波动较大时，应尽量采用这种排泥方式。使用这种方法的关键是根据本厂的特点，确定合适的 F/M 值。F/M 值可根据污水的温度做适当的调整，当水温高时，F/M 值可高些。当入流工业废水中难降解物质较多时，F/M 值应低一些。实际运行控制中，一般是控制在一段时间内，可根据情况做些小的调整。

计算 F/M 值时，要用到入流的 BOD_5，采用该法排泥时，应能快速测得入流污水的有机负荷。另外，计算 F/M 时，必须有 MLVSS 值，该值测定较麻烦，可利用 MLSS 和 MLVSS 二者之间的关系，用 MLSS 值来估算 MLVSS 值。

3. 用污泥龄 SRT 控制排泥。用 SRT 控制排泥，是一种最可靠准确的排泥方法。这种方法的关键是正确选择 SRT 和准确地计算系统内的污泥总量 M_T。应根据处理要求、环境因素和运行实践综合分析比较，选择合适的泥龄 SRT 作为控制排泥的目标。一般来说，保证处理效果前提下，温度较高时，SRT 可小些；当污泥的可沉性能较差时，有可能是由于泥龄太小。SRT 值越大，利用呼吸试验测得的耗氧速率 SOUR 越小。通过生物相观察，会发现不同的 SRT 对应着不同的优势指示微生物。采用 SRT 控制排泥的实际操作中，可以采用一周或一个月内 SRT 的平均值。保持一周或一个月内 SRT 的平均值基本等于要控制的 SRT 值的前提下，可一个月内作些微调。例如，要使一周的 SRT 平均值控制在 8d，可以在周一至周五多排泥，周六和周日少排泥。当通过排泥改变 SRT 时，应逐渐缓慢地进行，一般每次不要超过总调节量的 10%。否则不但达不到调控目标，还有可能使得系统紊乱失衡，甚至整个活性污泥系统被破坏。

4. 用 SV_{30} 控制排泥。SV_{30} 既反映污泥的沉降浓缩性能，又反映污泥浓度的大小。当沉降性能较好时，SV_{30} 较小，当污泥浓度较高时，SV_{30} 较大，反之则较小。当测得污泥 SV_{30} 较高时，可能是污泥浓度增大，也可能是沉降性能恶化，不管是哪种原因，都应及时排泥，降低 SV_{30} 值。采用该法排泥时，也应逐渐缓慢进行，一次排泥不能太多。如通过排泥要将 SV_{30} 降至 30% 时，可利用一周的时间逐渐实现，每天少排一部分污泥，将 SV_{30} 逐渐逼近 30%。

本案例工程在运行过程中，主要通过 MLSS 值为 3000mg/L 左右控制排泥量，当污曝气池污泥量高于此值时，增大排泥量；反之，减少排泥量。同时核算 F/M 在 0.2~0.25 之间，并每隔 2h 测定曝气池内的 SV_{30} 值。

任务 3　二次沉淀池的维护管理

3.1　实训目的

通过本训练任务，学生应具备以下能力：
1. 会进行二次沉淀池的常规监测项目，并根据运行数据初步判断运行状态。
2. 会对二次沉淀池进行工艺控制与管理。
3. 会对二次沉淀池出现的问题进行分析并解决。

3.2　实训内容

1. 二次沉淀池的常规监测指标。
2. 二次沉淀池的工艺控制与管理及注意事项。
3. 二次沉淀池运行中异常问题与解决对策。

3.3　实训步骤与指导

3.3.1　二次沉淀池常规监测项目

二次沉淀池常规监测指标及记录：
1. pH：具体值与污水水质有关，一般略低于进水值，正常值为 6~9。
2. 悬浮物（SS）：活性污泥系统运转正常时，二次沉淀池出水 SS 应当在 20mg/L 以下，最大不应该超过 50mg/L。通过测定进出二沉池的悬浮物浓度即可得知二沉池的效率。

3. 溶解氧（DO）：定期采样测定二沉池的溶解氧，因为活性污泥中微生物在二次沉淀池继续消耗氧，出水溶解氧值应略低于曝气池出水。若二沉池出水中溶解氧显著下降，表明二沉池污泥仍具有很好的需氧量，水质处理不完全，仍未稳定化。

4. 氨氮和磷酸盐：应达到国家有关排放标准，一级排放标准要求氨氮小于 15mg/L，磷酸盐小于 0.5mg/L。

5. 有毒物质：《污水综合排放标准》GB 8979—1996 达标后排放。

6. 泥面：生产上可以使用在线泥位计实现剩余污泥排放的自动控制。

7. 透明度。

3.3.2 二次沉淀池工艺的运行控制

沉淀池运行管理的基本要求是保证各项设备安全完好，及时调控各项运行控制参数，保证出水水质达到规定的指标。为此，应着重做好以下几方面工作。

1. 避免短流。进入沉淀池的水流，在池中停留的时间通常并不相同，一部分水的停留时间小于设计停留时间，很快流出池外；另一部分则停留时间大于设计停留时间，这种停留时间不相同的现象叫短流。短流使一部分水的停留时间缩短，得不到充分沉淀，降低了沉淀效率；另一部分水的停留时间可能很长，甚至出现水流基本停滞不动的死水区，减少了沉淀池的有效容积。总之短流是影响沉淀池出水水质的主要原因之一。形成短流现象的原因很多，如进入沉淀池的流速过高；出水堰的单位堰长流量过大；沉淀池进水区和出水区距离过近；沉淀池水面受大风影响；池水受到阳光照射引起水温的变化；进水和池内水的密度差；以及沉淀池内存在的柱子、导流壁和刮泥设施等，均可形成短流。

2. 均匀配水与出水。多个沉淀池并列运行时，应将污水水量均匀地分配到各池，以充分发挥各池的能力，并保持同样的沉淀效果。如果水量分析均匀时，发现各池沉淀效果有明显差异，在无其他原因时，可适当改变各池分担的流量，提高各池和整个系统出水水质。出水时，观察出水堰堰口是否保持水平，各堰出流是否均匀，堰口是否严重堵塞，必要时应调整堰板的安装状况，或在堰口设置调节块，或堰前设置挡板均衡出流量。

3. 悬浮物（SS）的去除。悬浮物可分为颗粒状和絮体状两类。颗粒状悬浮物彼此独立以恒速沉降，在沉降中颗粒大小，形状和质量不变；絮体状悬浮物由絮凝而形成的絮体颗粒组成，主要为有机物，它在沉降时不断凝结，颗粒大小、形状和相对密度都有所变化，凝块通常较单个颗粒沉得快。在二次沉淀池中，主要是沉降曝气池出流的微生物，所以以絮凝沉降为主。

4. 刮泥与排泥操作。污水处理中的沉淀池中所含污泥量较多，有绝大部分为有机物，若不及时排泥，就会产生厌氧发酵，致使污泥上浮，不仅破坏了沉淀池的正常工作，而且使出水水质恶化，如出水中溶解性 BOD 值上升、pH 下降等。初次沉淀的池排泥周期一般不宜超过 2d，二次沉淀池排泥周期一般不宜超过 2h，当排泥不彻底时应停池（放空）采用人工冲洗的方法清泥。机械排泥的沉淀池要加强排泥设备的维护管理，一旦机械排泥设备发生故障，应及时修理，以避免池底积泥过度,影响出水水质。

5. 防止藻类滋生。藻类滋生虽不会严重影响沉淀池的运转,但对出水的水质不利。防止措施是:在原水中加氯,以抑止藻类生长,三氯化铁混凝剂对藻类有抑制作用。

3.3.3 二次沉淀池维护管理过程中的注意事项

1. 经常检查并调整二次沉淀池的配水设备,确保进入各池的混合液流量均匀。

2. 检查浮渣斗的积渣情况并及时排出,经常用水冲洗浮渣斗,同时注意浮渣刮板与浮渣斗挡板配合是否适当,并及时调整或修复。

3. 经常检查并调整出水堰板的平整度,防止出水不均和短流现象的发生,及时清除挂在堰板上的浮渣和挂在出水槽上的生物膜。

4. 巡检时仔细观察出水的感官指标,如污泥界面的高低变化、悬浮污泥量的多少、是否有污泥上浮现象等,发现异常后及时采取针对措施解决,以免影响水质。

5. 经常检查出水是否带走微小污泥絮粒,造成污泥异常流失。

6. 及时清洗出水槽上的生物垢或生物膜。

7. 经常观察二次沉淀池液面,看是否有污泥上浮现象。

8. 巡检时注意辩听刮泥、刮渣、排泥设备是否有异常声音,同时检查其是否有部件松动等,并及时调整或修复。

9. 定期(一般每年 1 次)将二次沉淀池放空检修,重点检查水下设备、管道、池底与设备的配合等是否出现异常,并根据具体情况进行修复。

10. 由于二次沉淀池一般埋深较大,因此,当地下水位较高而需要将二次沉淀池放空时,为防止出现漂池现象,一定要事先确认地下水位的具体情况,必要时可以先降水位再放空。

11. 按规定对二次沉淀池常规监测项目进行及时的分析化验。

3.3.4 二次沉淀池运行中异常问题与解决对策

1. 出水带有细小的悬浮污泥

(1) 二次沉淀池内出水带有细小的悬浮污泥的原因:

1) 短流减少了停留时间,以致絮体在沉降前即出水。

2) 活性污泥过度曝气。

3) 水力超负荷。

4) 因操作或水质关系产生絮体。

(2) 解决对策:

1) 减少水力负荷。

2) 调整出水堰的水平,以防止产生短流。

3) 投加化学絮凝剂。

4) 调节曝气池中运行的工艺,以改善污泥的性质。

2. 污泥上浮

(1) 二次沉淀池污泥上浮的原因:污泥结块、堆积并引起解絮,泥升至表面。

（2）解决对策：

1）经常从沉淀池排走污泥。

2）更换损坏的刮泥板。

3）将粘附在二沉池内壁及部件上的污泥用刮板刮去。

3. 出水堰脏

（1）产生原因：因固体物积累、粘附或藻类长在堰上。

（2）解决对策：

1）经常和彻底地擦洗与废水接触的所有表面。

2）先加氯再清洗。

4. 污泥管道堵塞

（1）二次沉淀池污泥管道堵塞的原因：管道中流速低，重物含量高。

（2）解决对策：

1）疏通沉积的物质。

2）用水、气等反冲堵塞的管线。

3）经常地清洗泵污泥。

4）改进污泥管线。

5. 短流

（1）二次沉淀池短流的解决对策：

1）减小流量。

2）调整出水堰水平。

3）修理或更换损坏的进泥和刮泥装置。

4）避免风的影响。

5）去除沉积的过量固体物。

6. 刮泥器力矩过大

（1）二次沉淀池刮泥器力矩过大的原因：刮泥器上承受负荷过高所致。

（2）解决对策：

1）定期放空水井检查是否有工具、砖、石和松动的零件卡住刮泥板。

2）及时更换损坏的链环、刮泥板等部件。

3）当二沉池表面结冰时应破冰。

4）减慢刮泥器的转速。

7. 出水溶解氧偏低

（1）二次沉淀池出水溶解氧偏低产生的原因：

1）活性污泥在二次沉淀池停留时间过长，污泥中好氧微生物继续消耗氧，导致二次沉淀池出水中溶解氧下降。

2）刮（吸）泥机工作状况不好，造成二次沉淀池局部污泥不能及时回流，部分污泥在二次沉淀池停留时间过长，污泥中好氧微生物继续消耗氧，导致二次沉淀池出水中溶解氧下降。

3）水温突然升高，使好氧微生物生理活动耗氧量增加、局部缺氧区厌氧微生物活动加强，最终导致二次沉淀池出水中溶解氧下降。

（2）解决对策：

1）加大回流污泥量，缩短停留时间。

2）及时修理刮（吸）泥机，使其恢复正常工作状态。

3）延长污水在均质调节等预处理设施中的停留时间，充分利用调节池的容积使高温水打循环，或通过加强预曝气促进水汽蒸发来降低温度。

8. 出水 BOD_5 与 COD_{Cr} 突然升高

（1）二次沉淀池出水 BOD_5 与 COD_{Cr} 突然升高的原因：

1）进入曝气池的污水水量突然加大、有机负荷突然升高或有毒有害物质浓度突然升高等。

2）曝气池管理不善，如曝气充氧量不足等，导致出水 BOD_5 与 COD_{cr} 突然升高。

3）二次沉淀池管理不善，如浮渣清理不及时、刮泥机运转不正常等。

（2）解决对策：

1）加强污水水质监测和充分发挥调节池的作用，使进水尽可能均衡。

2）加强对曝气池的管理，及时调整各种运行参数。

3）加强对二次沉淀池的管理，及时巡检，发现问题立即整改。

9. 二次沉淀池表面出现泡沫浮渣

（1）二次沉淀池表面出现泡沫浮渣的原因：

1）刮渣系统本身的故障。

2）污水中含有表面活性剂、类脂化合物等能引起放线菌迅速增殖的有机物，导致二次沉淀池表面出现生物泡沫浮渣。

3）二次沉淀池污泥局部短时间内缺氧，出现反硝化现象造成污泥上浮会形成浮渣。污泥在二次沉淀池内停留时间过长发生腐化变质，生成 H_2S、CH_4 等气体附着在污泥上形成浮渣。

（2）解决对策：

1）检查刮渣板、浮渣斗和浮渣冲洗水足否正常，浮渣泵是否出现问题，如果有问题应立即修理。

2）用水喷洒、缩短曝气时间，投加氧化消毒剂或混凝剂等。

3）找到造成污泥反硝化或腐化的原因分别给予调整。

项目 13　污泥浓缩池的运行

【项目实训目标】　通过实训项目，学生应能具备以下能力：

1. 正确操作连续式重力浓缩池。
2. 污泥输送系统中螺杆泵进行正确的运行操作。
3. 对连续式重力浓缩池进行维护管理，能够对故障进行分析、排除。
4. 对污泥输送系统中螺杆泵进行维护管理，能够对故障进行分析、排除。

工程案例

　　某城市污水处理厂是该市水污染治理的核心工程，规划总规模为 $7 \times 10^5 \mathrm{m}^3/\mathrm{d}$，总占地为 $23.4 \mathrm{hm}^2$。一期工程为 $2 \times 10^5 \mathrm{m}^3/\mathrm{d}$，采用 Carrousel 氧化沟工艺，二期工程为 $1 \times 10^5 \mathrm{m}^3/\mathrm{d}$，采用多模式 AAO 工艺，分别于 2003 年和 2008 年初投入运行。

　　针对一期工程带式浓缩脱水一体机浓缩段滤带透水能力不足、处理流量只能达到设计能力 70% 左右的情况，二期增加了污泥浓缩池，以降低脱水机运行负荷。污泥浓缩共 4 座，钢混结构，直径为 23m，有效水深为 4.0m。进泥量为 39t/d（其中，一期 26t/d，二期 13t/d），进泥含水率为 99.2%，进泥体积为 4875 m^3/d，出泥含水率为 97.5%，出泥体积为 1560 m^3/d，浓缩时间为 15.8h（旱季），固体负荷为 48 $\mathrm{kg}/(\mathrm{m}^2 \cdot \mathrm{d})$。

　　连续式重力浓缩池案例工艺施工图及实例图，如图 13-1～图 13-3 所示：

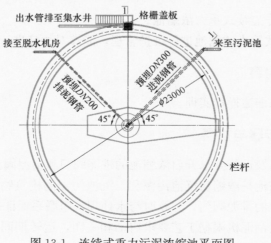

图 13-1　连续式重力污泥浓缩池平面图

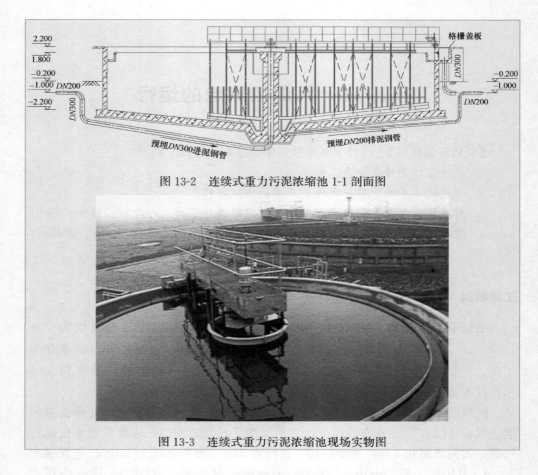

图 13-2　连续式重力污泥浓缩池 1-1 剖面图

图 13-3　连续式重力污泥浓缩池现场实物图

任务 1　连续式重力浓缩池的运行

1.1　实训目的

1. 能正确操作连续式重力浓缩池。
2. 能对连续式重力浓缩池进行维护管理，能够对故障进行分析、排除。

1.2　实训内容

连续式重力浓缩池操作实训。

1.3　实训步骤与指导

（1）根据工艺及运行要求开启浓缩池的进泥阀门和出泥阀门。

（2）污泥浓缩池是浓缩初沉池污泥和二沉池污泥的构筑物，因此必须经常检查初沉池和二沉池的排泥阀门，并及时与水处理班组联系保证排泥。

（3）浓缩池的刮泥机根据工艺要求启动和关闭，运转期间至少要每 2 小时巡视检查机械运转情况 1 次。

（4）浓缩池的出泥含水率控制在 $95\%\sim97\%$ 为好。

（5）浓缩池的出水堰口、水槽和出水井要保持通畅、清洁。

1.4　连续式重力浓缩池的维护与管理

1. 控制适当的进泥量。重力浓缩池宜连续运行，也可间歇运行。重力浓缩池采用间歇排泥时，其间歇时间可为 $6\sim8h$。对于某一确定的浓缩池和污泥种类来说，进泥量存在一个最佳的控制范围。进泥量太大，超过浓缩能力时，会导致上清液浓度太高，排泥浓度太低，起不到应有的浓缩效果。进泥量太低，不但降低处理量，浪费池容，还可导致污泥上浮，从而使浓缩不能顺利进行下去。浓缩池进泥量可根据固体表面负荷确定，固体表面负荷大小与污泥种类及浓缩池构造和温度有关，是综合反映浓缩池对某种污泥的浓缩能力的一个指标，一般重力浓缩池的固体负荷为 $30\sim60kg/(m^3 \cdot d)$。

2. 不能过量排泥，否则排泥速度会超过浓缩浓度，使排泥变稀，并破坏污泥层。

3. 重力浓缩池刮泥机不得长时间停机和超负荷运行。

4. 应及时清捞浓缩池的浮渣，清除刮（吸）泥机走道上的杂物。

5. 当水温较高或生物处理系统发生污泥膨胀时，浓缩池污泥会上浮和膨胀，此时投加 CI_2、$KMnO_4$ 等氧化剂抑制污泥中的微生物生长和活动从而使污泥上浮现象减轻。

6. 必要时在浓缩池入流污泥中加入部分二沉池出水，可以防止污泥厌氧上浮，改善浓缩效果，同时还可以适当降低浓缩池周围的恶臭程度。

7. 浓缩池长时间没有排泥时，如果想开启污泥浓缩机，必须先将池子排空并清理沉泥，否则有可能因阻力太大而损坏浓缩机。

8. 重力浓缩池排泥时，应观察贮泥池液位，以防漫溢。

9. 操作人员应经常清理浓缩池三角堰和刮泥机械搅拌机上的杂物。

连续式重力污泥浓缩池运行时的常见异常问题及解决对策，见表 13-1 所示：

连续式重力污泥浓缩池运行时的常见异常问题及解决对策　　　　表 13-1

现　　象	产　生　原　因	解　决　对　策
污泥上浮，液面有小气泡逸出，且浮渣量增多	集泥不及时	适当提高浓缩机的转速，加大污泥收集速度
	排泥不及时	应加强运行调速，做到及时排泥
	进泥量太小，污泥在池内停留时间太长，导致污泥厌氧上浮	加 Cl_2、O_3 等氧化剂，抑制微生物活动尽量减少投运池数，增加每池的进泥量，缩短停留时间
	由于初沉池排泥不及时，污泥在初沉池内已经腐败	加强初沉池的排泥操作
排泥浓度太低，浓缩比太小	进泥量太大，使固体表面负荷增大，超过了浓缩池的浓缩能力	应降低入流污泥量
	排泥太快	当排泥量太大或一次性排泥太多时，排泥速率会超过浓缩速率，导致排泥中含有一些未完全浓缩的污泥，应降低排泥速率
	浓缩池内发生短流即溢流堰板不平整使污泥从堰板较低处短路流失，未经过浓缩	对堰板予以调节
	进泥口深度不适合，入流挡板或导流筒脱落，也可导致短流	改造或修复
	温度的突变、入流污泥含固量的突变或冲击式进泥，均可导致短流	应根据不同的原因，予以处理

任务 2　污泥输送系统中螺杆泵的运行操作

2.1　实训目的

1. 对污泥输送系统中螺杆泵进行正确的运行操作。
2. 掌握螺杆泵进行维护管理，能够对故障进行分析、排除。

2.2　实训内容

污泥输送系统中螺杆泵的运行操作实训。

2.3　实训步骤与指导

2.3.1　螺杆泵的运行

螺杆泵是输送液体的机械，具有结构简单，工作安全可靠，使用维修方便，出液连续均匀，压力稳定等优点。

1. 启动前

(1) 检查流程是否正确。

(2) 泵周围是否清洁，是否有妨碍运行的杂物存在，若有及时清除。

(3) 检查联轴器保护罩，地脚等部分螺栓是否紧固，有无松动现象。

(4) 轴承油盒要有充足的润滑油，油位应保持在规定范围内，油质是否干净完好。

(5) 按泵的用途及工作性质选配好适当的压力表。

(6) 有轴瓦冷却水及轴封水的机泵应保持水流畅通。

(7) 检查电压是否在规定量程内，外观电机接线及接地是否正常。

(8) 用手盘动联轴器，检查泵内有无异物碰撞杂声或卡死现象，并给予消除。

2. 泵的启动与运行

(1) 将料液注满泵腔，严禁干摩擦。

(2) 打开螺杆泵的进出阀门后（要求阀门全开，以防过载或吸空），开启电机。

(3) 如果有旁通阀，应在吸排阀和旁通阀全开的情况下起动，让泵起动时的负荷最低，直到原动机达到额定转速时，再将旁通阀逐渐关闭。

(4) 运行中检查轴封密封是否完好，允许有呈滴状的渗漏，对轴封应该允许有微量的泄漏，如泄漏量不超过 20~30s/滴，则认为正常。检查泵出料量是否正常，以及振动或噪声，发现异常立即停车并排除。

3. 停泵

停车前需先停止电机运行，后关闭吸入管阀门，再关闭排出口阀门（防止干转，以免擦伤工作表面）。

2.4　污泥输送系统中螺杆泵的维护与管理

1. 螺杆泵日常维护：

（1）出现盘根漏油情况时，需轻轻紧一下盘根盒扳手。

（2）保持低套管压力不会出现气锁，且能保持泵效。

（3）当油压和电流出现波动，说明泵的运行为绑缚—放松状态。主要原因是泵体量沉积物过多，可将光杆拉出到达接箍，再反冲洗泵体。

（4）当电流升高但质量下降，意味着结蜡，可采用热洗同时监控动液面。

（5）使用一年后，应为电机加润滑油。

（6）使用 6 个月后，应更换传动轴箱润滑油，并依次类推。

2. 螺杆泵虽然具有干吸能力，但是必须防止干转，以免擦伤工作表面。必须按既定的方向运转，以产生一定的吸排。

3. 螺杆泵因工作螺杆长度较大，刚性较差，容易引起弯曲变形，造成工作失常。对轴系的连接必须很好对中；对中工作最好是在安装定位后进行，以免管路牵连造成变形；连接管路时应独立固定，尽可能减少对泵的牵连等。此外，备用螺杆，在保存时最好采用悬吊固定的方法，避免因放置不平而造成的变形。

项目 14　污泥脱水系统的运行

> **【项目实训目标】** 通过实训项目，学生应能具备以下能力：
> 1. 能正确地进行污泥脱水加药各环节的操作。
> 2. 能对板框压滤机进行正确的运行操作。
> 3. 能对板框压滤机进行维护管理，能够对故障进行分析、并排除故障。
> 4. 能对离心机进行正确的运行操作。
> 5. 能对离心机进行维护管理，能够对故障进行分析、排除。

工程案例

某城市污水处理厂处理污水量为 30 万 t/d，污泥脱水机房配有 2 台污泥离心脱水机，污泥总脱水能力为 80m³/h，污泥脱水工程工艺流程如图 14-1 所示。

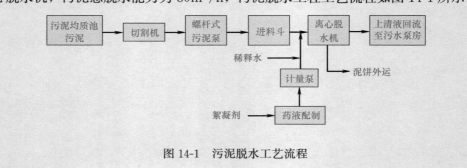

图 14-1　污泥脱水工艺流程

任务 1　污泥脱水加药环节的操作

1.1　实训目的

能够正确地进行污泥脱水加药各环节的操作。

1.2　实训内容

1. 确定污泥脱水药剂投加量。
2. 配制污泥脱水药剂溶液。
3. 投加污泥脱水药剂。

1.3　实训步骤与指导

1. 药剂投加量的确定

（1）药剂的准备：聚合物采用阳离子聚丙烯酰胺（PAM）、投加浓度为 0.12%、投加量为 0.055kg/m^3。

（2）药剂的用量：例如压滤机处理污泥按 6m^3/h 计算，用药量为 6×0.055＝0.33kg/h；（将聚丙烯酰胺倒入搅拌槽内）。

（3）药液投加量：药剂投加量 0.055‰，投配浓度 0.12%，污泥处理量 6m^3/h（湿泥）。

投加量 Q＝0.055‰×6.0×1000÷0.12%＝275L/h；具体的投加量还要根据污泥的实际浓度和性质来决定。

2．药剂溶液的配制

（1）药剂搅拌槽的有效容积按 1650L 计，按 0.12% 的浓度配制，每次配制药剂向药剂搅拌槽投加聚丙烯酰胺药粉的量为 1.98kg（注意：投加聚丙烯酰胺药粉时，应先将药剂槽的水放到一半，然后开动搅拌电机，一边加水搅拌，一边缓慢投加，溶解速度慢，使用时要注意操作否则絮凝剂很容易结块）。

（2）将 1.98kg 聚丙烯酰胺药粉注入药剂搅拌槽内；启动拌槽的搅拌电机按钮，将药剂充分搅拌混合。搅拌时间为 40～50min。药剂搅拌均匀后，启动输药磁力泵按钮，将混合好的药液送至药剂储存槽以备用。

（3）重复（1）、（2），在药剂搅拌槽配好絮凝剂溶液，以备用。

（4）每槽药剂大约可以使用 5～6h 左右，因此每间隔 5～6h 必须重新配一次药。

（5）配制好的絮凝剂溶液不能长时间存放，当时间超过 1d 时药剂已失效 50%，因此必须在每次使用前现场配制。

3．药剂的投加

当药剂储存槽有足够药液，且脱水机运转正常时，按下药剂计量泵按钮，启动计量泵（注意：启动计量泵前一定要打开计量泵的泵前与泵后球阀，否则容易涨破加药管道）。可以通过调节计量泵上的调节盘调节加药量。

任务 2　板框式污泥脱水设备的运行操作

2.1　实训目的

1．能对板框压滤机进行正确的运行操作。
2．能对板框压滤机进行维护管理，能够对故障进行分析、排除。

2.2　实训内容

板框压滤机开车前准备工作、开车、停车及下渣的运行操作实训。

2.3　实训步骤与指导

1．开车前准备工作
（1）检查所需开启泵是否正常。

（2）检查进料压力、洗涤压力和吹气压力等必须控制在规定的压力以内。

（3）检查滤板数量是否足够，有无破损，滤板是否清洁，安放是否符合要求。

（4）检查滤布是否折叠，有无破损，过滤性能是否良好。

（5）检查润滑、冷却的设备是否符合开车要求。

（6）检查各处连接是否紧密，有无泄漏。

（7）检查压滤机油压油位是否符合要求（1/2～2/3）。

（8）其他配套设施是否齐备。

（9）需要压滤的母液按工艺要求调好 pH 值。

2. 开车

（1）打开高压密封水泵。

（2）启动渣泵变频。

（3）打开所需使用压滤机进渣阀门。

（4）进渣过滤。过滤开始时，进料阀门应缓慢开启。当看到压滤机出水口水质浑浊时，应将变频器 ϕ43Hz 调至 35Hz，5min 后停。

（5）打开吹气阀，进行吹气 1～2min。

（6）卸料时不得残留过多的物料，以免影响工作。

3. 停车

（1）关闭母液循环泵出口的分支阀门，关闭液钾碱阀门。

（2）当压滤中转槽中液位较低时，依次停搅拌、压滤泵，关闭压滤泵进口阀门，关出口阀门，停冷却水。

（3）正常压滤下，当压滤出液嘴出液很小时，放松滤板，人工卸渣，清洗滤板，清除滤板密封面上残渣。

（4）对出浑液的滤板进行检查，滤布如有破损及时修复或更换。

（5）关闭电源，打扫场地卫生。

4. 下渣

（1）将"松/停/紧"开关拨到"松"位置，活塞回程，滤板松开。活塞回退到位后，压紧板触及行程开关而自动停止，回程结束。

（2）手动拉板卸饼：采用人工手动依次拉板卸饼。

（3）拉板卸料以后，残留在滤布上的滤渣必须清理干净，滤布应重新整理平整，开始下一工作循环。当滤布的截留能力衰退时，应及时更换滤布，否则会引起滤板压不紧，引起喷料现象，或压坏滤板的密封面。

2.4　板框压滤机的维护与管理

1. 在压紧滤板前，务必将滤板排列整齐，且靠近止推板端，平行于止推板放置，避免因滤板放置不正而引起主梁弯曲变形。

2. 压滤机在压紧后，通入料浆开始工作，进料压力必须控制在出厂铭牌上标定的最大过滤压力（表压）以下，否则将会影响机器的正常使用。

3. 过滤开始时，进料阀应缓慢开启，起初滤液往往较为浑浊，然后转清，属正常现象。

4. 由于滤布纤维的毛细作用，过滤时，滤板密封面之间有清液渗漏属正常现象。

5. 在冲洗滤布和滤板时，注意防止水溅到油箱的电源上。

6. 搬运、更换滤板时，用力要适当，防止碰撞损坏，严禁摔打、撞击，以免使滤板/框破裂。滤板的位置切不可放错；过滤时不可擅自拿下滤板，以免油缸行程不够而发生意外；滤板破裂后，应及时更换，不可继续使用，否则会引起其他滤板破裂。

7. 液压油应通过空气滤清器充入油箱，必须达到规定油面。并要防止污水及杂物进入油箱，以免液压元件生锈、堵塞。

8. 电气箱要保持干燥，各压力表、电磁阀线圈以及各个电气元件要定期检验校准确保机器正常工作。停机后须关闭空气开关，切断电源。

9. 油箱、油缸、柱塞泵和溢流阀等液压元件需定期进行空载运行循环法清洗，在一般工作环境下使用的压滤机每 6 个月清洗 1 次，工作油的过滤精度为 $20\mu m$。新机在使用 $1\sim2$ 周后，需要换液压油，换油时将脏油放净，并把油箱擦洗干净第二次换油周期为 1 个月，以后每 3 个月左右换油 1 次（也可根据环境不同适当延长或缩短换油周期）。

10. 使用时做好运行记录，对设备的运转情况及所出现的问题记录备案，并应及时对设备的故障进行维修。

11. 保持各配合部位的清洁，并补充适量的润滑油以保证机器润滑性能。

12. 对电控系统，要进行绝缘性试验和动作可靠性试验，对动作不灵活或准确性差的元件一经发现，及时进行修理或更换。

13. 经常检查滤板的密封面，保证其光洁、干净，检查滤布有否折叠，保证其平整、完好。

14. 液压系统的保养，主要是对油箱液面、液压元件各个连接口密封性的检查和保养，并保证液压油的清洁度。

15. 如设备长期不使用，应将滤板清洗干净，滤布清洗后晾干。

任务 3　离心脱水机的运行操作

3.1　实训目的

1. 能够对离心脱水机进行正确的运行操作。
2. 能够对离心脱水机进行维护管理，并对故障进行分析、排除。

3.2　实训内容

离心脱水机启动前准备、启动、停止的运行操作实训。

3.3　实训步骤与指导

1. 启动前的准备

（1）确认待启动的离心脱水机处于备用状态，手动阀处于开启状态，气动阀处于关闭状态。

（2）积泥室的泥量充足，泥渣泵处于备用且进口阀全开，出口阀根据需要调到一定开度。

（3）确认电源指示灯亮，紧急按钮处于旋出状态，检查面板有无报警信号，若有报警信号，且已确认或处理完毕，按复位按钮恢复程序。

（4）将"远程/面板"切换至面板模式（无远程模式）。

（5）选择"手动/自动"操作，若手动模式，切换至"手动"位置，通过操作"主机启/停""副机启/停""水洗阀开/关""进料阀开""进料阀关"按钮启停离心脱水机。若自动模式，切换至"自动"位置，通过"系统启动""系统停止"按钮启停离心脱水机，同时对应指示灯量；运行状态进入自动调节状态。

2. 启动操作

（1）启动主电机。

（2）主机启动后延时 3～5s，再启动辅电机。

（3）主机达到运行频率后，开启水洗阀，通水运转 5min 后，关闭水洗阀。

（4）开启进料阀（开始进料阀开度不宜大于 30%），将操作箱对应泥渣泵"远程/就地"调到就地位置，按泥渣泵启动按钮，同时将 1 号卧式螺旋输送机"远程/就地"调到就地位置，按其启动按钮，启动卧式螺旋输送机（离心机进入正常工作状态）。

（5）进料 20min 后发现离心机没有异常现象后，再逐步加大进料量，如果发现主辅变频器运行电流偏大，应马上减少进料，并稳定一段时间，再慢慢加大；当发现主辅电机有同步现象时，应马上停止进料，并停机，当离心机完全停止后，用手拨动辅机皮带轮看是否转动灵活，如果有异物卡住，应马上处理堵料现象。

（6）记录分级或分离物料时的工况，当工况改变时或分级、分离物料效果不理想时，参照故障分析并做出相应故障处理。

3. 停止操作

（1）确认操作箱泥渣泵"远程/就地"调到就地位置，按其停止按钮，进料泵停止运行。

（2）待污泥脱出完全后，关闭进料阀。

（3）开启水洗阀，通水清洗 20min，并观察排水是否较清，一般要冲洗到排水较清为止，再关闭水洗阀。

（4）延迟 3s，关闭辅电机。

（5）辅机关闭后延迟 3s，关闭主电机。

（6）关闭螺旋输送机：确认 1 号卧式螺旋输送机"远程/就地"调到就地位置，按其停止按钮，卧式螺旋输送机停运。

（7）用手盘动差速器的皮带轮，检查冲洗效果，若很吃力，则需进一步清洗转鼓、螺旋输送器与机壳内腔。

3.4　离心脱水机的维护与管理

1. 离心脱水机在运行前，应该先将滤布浸湿，这样有利于泥饼剥落。滤布上的污泥在运行过程中应及时清洗干净，在停止运行后还应彻底清洗滤布，以免污泥颗粒干燥后堵塞滤布孔眼。

2. 离心脱水机运行时需监控温度是否波动和分离性能是否稳定。

3. 运行时行星差速器及各密封部位有无渗漏现象。

4. 离心脱水机发生离心机转轴拉矩过大，过度振动等故障时，原因可能是污泥量太大，浮渣或砂进入离心机、齿轮箱出故障，也可能是有垃圾进入机内且缠绕在螺旋输送器上造成转动失衡，润滑系统出故障、机床松动等原因造成的。出现故障时应分析原因，采取针对性的措施来解决。

5. 运行时节电动机的工作电流是否正常，电流是否波动。

6. 运行时应经常检查主轴承温度，其温度≤75℃，其温差≤35℃，轴承温度过高应停机检查原因并予以故障排除。

7. 通过调整污泥浓缩池排泥气动阀排泥时间调整泥浆浓度，以满足污泥脱水机对泥浆的要求。

8. 每班向左右主轴承添加润滑油，将加油装置按 3 次；螺旋输送器内轴承的润滑每 15d 加油 1 次，每次加到泄油孔出脂为止；差速器每 3 个月换 1 次新油，加油量为差速器空间的 80% 左右。

9. 每周检查皮带的松紧度和损坏程度，各处的连接螺栓有无松动现象。

10. 离心机如长期不使用，应每周用手盘动转鼓 1 次。

11. 严禁离心机未停稳之前，进行拆卸。

12. 严禁离心机反方向运行或擅自提高转速。

13. 系统停止程序启动有 40s 时间，按完一次操作按钮，不要急于再按一次，否则程序会重新启动。

14. 做好进泥量、泥饼量、污泥含固率、药剂投加量能耗等的分析测量与记录工作。

项目 15　污水处理厂主要机械设备常见故障及排除方法

一、减速机常见故障及排除方法

故障现象	故障原因	处理方法
振动	变速器不对中	检查调整机组对中
	连接件松动，配合精度破坏	紧固松动螺栓
	动平衡破坏	检查转子动平衡
噪声过大	润滑不良	检查更换润滑油
	齿轮啮合不良	检查调整齿轮啮合
	各部位配合精度降低，磨损严重	检查调整各配合精度
密封泄漏	轴封、机封磨损	更换轴封、机封
	油位过高	调整到要求油位
	轴承或轴颈损坏	更换轴或轴承
轴承温度高	轴承磨损间隙增大	调整或更换轴承
	润滑油量过度或过少	调整油量适度
	润滑油质不好或含杂质	更换合格油品
	轴承松动	调整、把紧轴承座

二、电机常见故障及排除方法

常见故障	故障原因	处理方法
电机不能启动或达不到额定参数	熔断器内熔丝烧断，开关或电源有一项在断开状态，电源电压过低	检查电源电压和开关的工作情况
	定子绕组中有一项断线	用兆欧表检查定子绕组
	绕组及其外部电路有断路、接触不良或焊点脱焊	用兆欧表检查转子绕组及其外部电路中有无断路，并检查各连接点是否接触紧密，可靠
	应接成"△"接线的接成"Y"，因此能空载启动，但不能满载启动	按正确的方法接线
	电机负荷过大，或所驱动的机械中有卡滞故障	检查电机所驱动的负载情况
电动机启动初期响声大，启动电流大，三项电流相差很大	三项绕组中的 6 根引线中有一相起头和末头接反了	调整接线
三项电流不平衡	三项电源不平衡	测量电源电压
	定子绕组中有部分线圈短路	测量三项电流

续表

常见故障	故障原因	处理方法
三项电流不平衡	大修后,部分线圈匝数有错误	可用双臂电桥测量各线圈绕组的直流电阻
	大修后,部分线圈的接线有错误	按正确的接线法改变接线
轴承过热	轴承损坏	更换轴承
	轴与轴承配合过紧或松	过紧时重新加工,过松时转轴喷镀处理
	轴承与端盖配合过或过松	过紧时重新加工,过松时端盖镶套
	装配不正	重新装配
	润滑油脂过多或过少或油脂不好	加润滑油适量或换油
	两侧端盖或轴承盖未装平	装配调整
运行中电流表指针来回摆	绕线式转子一相电刷或短路片一相接触不良	调整电刷压力或研磨电刷与集电环
	绕线转子一相断线	修理或更换短路片
	笼型转子断条	检查短路点
外壳带电	未接地或接地不良	按规定接好地线
	绕组受潮绝缘有损坏	进行干燥或更换绝缘清除脏物
空载电流较大	电源电压太高	调整电压
	硅钢片腐蚀或老化	检修铁芯
	定子线圈匝数不够或"Y"形接成"△"形	重绕定子或改正接线
电机有不正常的振动和响声	基础不平或装配不好	检查基础情况及电机安装情况
	滑动轴承的电机轴颈与轴间隙过小	检查滑动轴承的情况
	滚动轴承装配不良或轴承有缺陷	检查滚动轴承或更换
	电机的转子和轴上所附有的皮带轮、齿轮等平衡不好	调整平衡
	转子铁芯变形和轴弯曲	找正或更换转子
	绕线型转子绕组有局部短路故障	测量转子三项的开路电压
	定子铁芯硅钢片压得不紧	在机座外部向定子铁芯钻孔加固螺栓
电子全部或局部过热	电机过载	降低负载或换一台大的电机
	电源电压过高或过低	调整电压$-5\%\sim+10\%$
	定子铁芯部分硅钢片之间绝缘不良或铁芯有毛刺	检修定子铁芯
	转子运转时和定子相摩擦致使定子局部过热	检查转子铁芯是否变形,轴是否弯曲,端盖的止口是否过松,轴承是否磨损
	电机冷却效果不好	检查风扇旋转方向,风扇是否脱落
	定子绕组中有断路或接地故障	测量各线圈的直流电阻及元件的绝缘
	重换线圈的电机,由于接线错误或匝数错误	检查改正
	缺相	分别检查三相电源电压和绕组
	接点接触不良或脱焊	检查焊接点

三、起重设备常见故障及排除方法

故障	主要原因	排除方法
制动不可靠，下滑距离超过规定要求	因制动环磨损大或其他原因，使弹簧压力减小	调整与更换
	制动环与后端盖锥面接触不良	检修、修磨
	制动面有油污	拆下清洗
	压力弹簧疲劳	更换
	联轴器窜动，不灵活或卡住	检查连接部位
	锥形转子窜动量过大	调整
行走机构不运转	电机已损坏	修复或更换
	行走轮磨损、损坏	修复、调整或更换
	行走轨道上有杂物	清除
	行走轮安装误差太大，与轨道摩擦或碰撞	调整、修复或更换
行走机构震动或有噪音	联轴器间隙过大或间隙不均匀	重新调整
电机锥形转子与定子之间间隙太小发生摩擦	电机上支撑圈磨损严重：转子铁心轴向位移；或者定子铁心位移	拆卸更换支撑圈，使转子与定子锥面之间间隙均匀，间隙一般为 0.35～0.55 或返厂维修
减速机漏油	轴端密封圈装配不良或失效损坏	更换密封圈
	螺栓松动	紧固螺栓
	加油过量或油品变质	按规定加油、更换
启动后不能停车或到极限位置时不能停车	交流接触器触电融化	更换
	限位器失灵	修复或更换
	限位器内，线路接错	检修限位器线路

四、方（圆）形铜镶式闸门、调节堰门常见故障及排除方法

故障	主要原因	排除方法
泄露	密封面间隙过大	调整
	密封面损坏	修复或更换
	异物卡阻	清除
	关闭不到位	修复或更换
	反向受压失灵	修复或调整
丝杠磨损弯曲断裂	丝杠材质不合格	更换
	保养不当	修复或更换
	限位器失灵	修复或更换
	坚硬物卡阻	清除、修复或更换
	手动时用力过大	修复或更换
	丝杠上有杂物	清除
启闭机漏油、损坏	密封圈装备不良或失效损坏	检修更换密封圈
	密封面间隙过小，负载过大	调整、修复或更换
	损坏	更换

五、阀门常见故障及排除方法

故障	主要原因	排除方法
阀门无法完全打开或完全关闭	阀门闸板处有异物卡阻	清除

续表

故障	主要原因	排除方法
阀门无法完全打开或完全关闭	开度限位器与阀门闸板旋转角度不相符	重新调整
	阀门两侧压力相差过大	利用旁通阀或其他办法消除压力
	限位器已损坏	修复或更换
阀门外部泄露	法兰之间的密封圈装配不良或失效	重新安装或更换
	法兰之间有间隙	重新安装
电机无法作用	电机已损坏	修复、更换
	电压缺项或线路接错	修复
	电机进水潮湿	烘干、修复或更换
减速器损坏	减速器进入泥浆等杂物	清洗、更换润滑油,修复或更换
	齿轮过度磨损,齿间间隙过大	修复、更换
	轴承损坏	更换
减速机漏油	轴端密封圈装配不良或失效损坏	更换密封圈
	螺栓松动	紧固螺栓
	加油过量或油品变质	按规定加油、更换

六、格栅常见故障及排除方法

故障	主要原因	排除方法
除渣不理想	提耙、张耙、合耙、落耙不到位	调整
	耙斗、耙齿水平度误差过大	重新调整
	耙斗、耙齿磨损	修复或更换
	格栅机安装角度过大	重新调整
	格栅条损坏	修复或更换
	轨道上有杂物,耙斗、耙齿走偏	清除
	行走轮安装误差太大,与轨道摩擦或碰撞	调整、修复或更换
	行走轮损坏,使耙斗、耙齿走偏	更换
有异常声响	耙斗、耙齿移动时有卡阻	调整、修复
	轴承损坏	更换
	转鼓格栅底部沉积物太多	清除
	行走轮安装误差太大,与轨道摩擦或碰撞	调整、修复或更换
	联轴器间隙过大或间隙不均匀	重新调整
	行走轨道上有杂物	清除
钢丝绳或链条损坏	缺少保养	加油脂或更换
	长时间磨损	修复或更换
	链条脱扣	更换
	两侧受力不均匀造成单边磨损	调整、修复或更换

续表

故障	主要原因	排除方法
格栅机震动过大	联轴器间隙过大或间隙不均匀	重新调整
	转鼓格栅水平误差太大	重新调整
	行走轨道上有杂物	清除
	行走轮安装误差太大，与轨道摩擦或碰撞	调整、修复或更换
减速机工作不正常	参见一、减速机常见故障及排除方法	
电动机工作不正常	参见二、电机常见故障及排除方法	

七、旋流沉砂池常见故障及排除方法

故障	主要原因	排除方法
桨叶不装	动力不足	检查电机及减速传动装置
	驱动装置故障	检查大齿轮
气提系统工作时，沉砂没有被提升	鼓风机没有所需要的气压	检查气压；气压偏低、检查空气的释放阀门的设定。风机不工作，检查电源
	气体管没有空气喷出	空气排除阀门故障或没有打开
		气体管堵塞
	不排砂、排砂管堵塞	清除

八、刮（吸）泥机常见故障及排除方法

故障	主要原因	排除方法
电动机故障	参见二、电机常见故障及排除方法	
减速机故障	参见一、减速机常见故障及排除方法	
刮（吸）泥机钢构件振动变形损坏	积渣过多、负荷过大	清除
	连接件松动	检查、重新调整、修复
	运动时有摩擦、碰撞	检查、重新调整、修复
	往复刮（吸）泥机限位器失灵	检查、重新调整、修复或更换
	池底有过大坚硬物卡阻	清除
	行走论磨损、损坏使机器走偏	检查、重新调整、修复或更换
	行走轮安装误差太大，与轨道摩擦或碰撞	调整、修复或更换
	间隙过小	检查、重新调整、修复或更换
	回转式刮吸泥机不平衡	重新调整
刮吸泥、砂效果不理想	吸泥嘴或刮泥板与池底间隙误差过大	调整
	吸泥嘴堵塞	清除
	刮泥（砂）板磨损	更换
	管路堵塞	清除
	管路泄露	修复
	吸泥（砂）泵损坏	修复或更换

续表

故障	主要原因	排除方法
刮吸泥、砂效果不理想	虹吸失灵	修复
虹吸系统失灵	真空泵已损坏	修复
	管路漏气	修复
	液位不相符	调整
往复刮吸泥(砂)机行走电缆不同步	行走轮安装误差太大,与轨道摩擦或碰撞	调整、修复或更换
	电缆磨损或老化	更换
	滑轴线有卡阻或变形	调整、修复或更换
	电缆卷筒电机损坏	更换
	行走轨道上有杂物	清除
	联轴器间隙过大或间隙不均匀	重新调整
	继电器失灵	调整、修复或更换

九、曝气器及管路系统潜水污水（泥）泵常见故障及排除方法

故障	主要原因	排除方法
电机不正常	线路故障	检查、排除
	电机损坏	修复或更换
	安装尺寸过低,使叶轮、叶片入水深度过大,负荷重、电流过大	检查、调整、排除
	液位与设计的叶轮,叶片入水深度不相符;负荷重、电流过大	调整
	叶轮、叶片的角度偏差过大,负荷重、电流过大	检查、调整、排除
	叶轮、叶片杂物多	人工清除
减速机不正常	润滑系统损坏、润滑不良,油温升高	拆卸检修,更换零件
	齿轮过度磨损,齿间间隙过大,有噪声	拆卸检修,更换零件
	轴承损坏有噪声	拆卸检修,更换零件
	连接螺栓未拧紧、漏油	拧紧螺栓
	联轴器间隙过大或间隙不均匀	重新调整
	加油过量,油品变质	按规定加油、更换
	箱体和箱盖之间的密封装配不良或失效损坏漏油	拆卸检修,更换零件
振动过大	安装螺栓松动	重新调整
	叶轮、叶片不平衡	重新调整
	叶轮、叶片有杂物	清除
	联轴器间隙过大或间隙不均匀	重新调整
	叶轮、叶片已损坏	更换或维修
	水平转刷曝气机水平度误差过大	重新调整
	有杂质、曝气头堵塞	清除、调整、修复或更换

续表

故障	主要原因	排除方法
曝气效果差或不理想	曝气头设置不合理	重新调整或设置
	空气管泄漏	修复或更换
	供气不足	检查、修复、调整
	曝气头安装水平误差过大	重新调整或安装
	曝气头已损坏	修复或更换
	曝气头微孔过大	更换
	曝气头已经松动	重新调整或安装
	水流过快或不均匀	重新调整叶片、叶轮角度
	叶轮、叶片不平衡	重新调整
	叶轮、叶片有杂物	清除
	叶轮、叶片已损坏	更换或维修
	叶轮、叶片入水深度过大或过小	重新调整

十、潜水搅拌机常见故障及排除方法

故障	主要原因	排除方法
搅拌器不能搅动	电压不足	检查、恢复
	电机缺相运行	更换有故障的保险丝或检查电缆连接
	电机线圈或电源电缆缺相	更换
	线路温度传感器由于温度过高切断	检查、恢复或更换
流动不足	反转	调线
	搅拌器设置不合理	重新调整或设置
	有杂物等障碍物	清除
	叶轮或叶片已损坏	更换
	搅拌器内部损坏	更换
	电机缺相运行	更换有故障的保险丝或检查电缆连接
	接法错误	检查、修复
	液位过低	检查液位控制器、调整
电耗过大	液体密度过大	检查、降低液体密度
	搅拌器内部损坏	更换
	反转	调线
	电压不足	检查、恢复
	电机侧径向轴承损坏	更换
	接法错误	检查、修复
搅拌器运行不畅或噪声大	液体密度过大	检查、降低液体密度
	叶轮或叶片已损坏	更换、修复
	搅拌器内部损坏	更换
	反转	调线
	电机侧径向轴承损坏	更换
	液位过低	检查液位控制器、调整
悬挂链失效	悬挂腐蚀、磨损	更换

十一、潜水污水（泥）泵常见故障及排除方法

故障	主要原因	排除方法
不出水或泥	泵或管路未完全疏通	检查、疏通
	积垢物堵住泵的进水处	清除
	管路损坏或泄露	修复或更换损坏的管路或密封
	无电压导致电机不转	检查线路
	电机缺相运行	更换有故障的保险丝或检查电缆连接
	电机线圈或电缆故障	更换或检修
	由于线圈温度过高导致检测线圈仪器停止工作	检查或使用手工启动
	温度保护传输失灵，电机内部潮湿	检查、烘干、修复
	泄露腔的检测回路已被触发	对浮动开关进行测试，并检查泄露腔
流量不足	泵所承受的出口压力太高	打开出口阀直到压力达到设计要求
	出口侧阀门未完全打开	完全打开出口阀
	出水管或叶轮堵塞，转子运转滞顿	清除
	泵内零件磨损	更换磨损件
	泵路损坏或泄露	修复或更换损坏的管路或密封
	泵送介质中含不允许的空气或气体	清除
	转向错误	调线
	电机缺相运行	更换有故障的保险丝或检查电缆连接
	接法错误	检查、重新连接
	运行时水位下降过多	检查供水、液位控制器
电流、功耗流量过大	泵未在运行范围内运行	检查泵的运行操作数据
	叶轮腔内有脏物，如纤维等	清除，使叶轮运转轻松
	泵内部零件磨损	更换磨损零件
	转向错误	调线
	电压不足	检查电源、电缆的连接
	电机线圈或电缆故障	更换
	电机侧径向轴承损坏	更换
扬程太低	进水管或叶轮堵塞，转子运转滞顿	清除
	泵内部件磨损	更换
	管路损坏或泄露	修复或更换损坏的管路或密封
	泵送介质中含不允许的空气或气体	清除
	转向错误	调线
	接法错误	检查、重新连接
泵运行不均匀且有噪声	泵未在运行范围内运行	检查泵的运行操作数据
	进水管或叶轮堵塞，转子运转滞顿	清除
	叶轮腔内有脏物，如纤维等	清除，使叶轮运转轻松
	泵内部件磨损	更换
	泵送介质中含不允许的空气或气体	清除
	由于装置原因引起振动	检查、重新调整、修复
	转向错误	调线
	电机侧径向轴承损坏	更换

十二、鼓风机常见故障及排除方法

故障	主要原因	排除方法
由压力计测量出或生产过程确定出低压力、真空、低容积流量	反转	调线
	空气或气体管道太小,弯头过多,产生过多损耗	增加管道的尺寸或安装具有较高压力的机器
	进气口、排气口或管道系统局部阻塞	清除
	进气口压力过低	检查进气口是否具有障碍物或安装具有排气压力的机器
	进气口温度过高	进气口放在阴凉的地方
	机器没有按约定的速度运转	检查电机转速,检测电压
	气体的浓度低	对气体进行分析,增加气体浓度
	密封间隙过大	调整间隙或更换密封环
	进气管道过滤器堵塞	清晰过滤器
	压力计或真空计不准确	校准
	管道中的阀门没有充分打开或止回阀安装不正确	打开阀门或检查止回阀
对系统而言,机械设计能力太小	用户对系统要求设计不准确	安装较大容量或低压力的机器,以适用系统的要求
	系统泄露或空隙太多	查找并修理泄露,减少空隙数目
机器噪声		
机器故障;轴承嗡嗡声或隆隆声	轴承发热	检查润滑情况,检查联轴器是否对中
	轴承损坏	更换轴承
	联轴器间隙过大或间隙不均匀	重新调整
	轴承保持架磨损	更换轴承
	锁紧螺母松动,轴承相对轴转动(内圈)	拧紧螺母、检查损坏情况
	轴承座磨损,轴承相对轴承座转动(外圈)	更换轴承座或轴承
内部噪声	叶轮磨损	空气过滤要保证;更换叶轮
	机器喘振	增加空气流量
	机器剧烈振动,不平衡	停机检查、调整
	联轴器不对中或无润滑脂	检查、调整、更换;并重新润滑
	机器内有杂物	清除干净
	叶轮或轴套有撞击声	紧固、修复或更换
	联轴器间隙过大或间隙不均匀	重新调整
电动机工作不正常	不正常的嗡嗡声	检查电压及线路连接
	电压低,电机转速不足	调节电压
	A 电压高、引起噪声和烧毁	调节电压
	轴承噪声	检查、修复或更换
	电动机内部零件松动	紧固、修复或更换
	频率过低	调节频率

续表

故障	主要原因	排除方法
机器振动	杂质积聚在叶轮上	清除
	主轴弯曲	修复或更换
	轴承损坏	更换
	安装了不平衡的替换电机	检查、修复或更换
	内部零件撞击	检查、修复或更换
	机组找正精度破坏	重新校正
	转子动平衡精度破坏	重新校正
	滚动轴承损坏	更换
	进入喘振区或载荷急剧变化	调整阀门的开度,调整风机性能
	地脚螺栓松动	
	联轴器间隙过大或间隙不均匀	重新调整
	机壳内有积水或固体物质	停机排除
	机器喘振	调节排气压力或流量
	机器安装不结实	加固基础
	固体颗粒通过风机	清除干净
	主销损坏	更换
电机发热	过载,过多的空气通过风机	检查泄露,把阀门开小一些,安装更多的电动机
	短路,绝缘	修复或更换电机
	冷却水管未打开或堵塞	打开冷却水管或清除
	润滑脂变质失效	更换润滑脂
	不正确的电源频率	调整频率
	不正确的电压	调整电压
	滚动轴承安装位置不正确	调整或更换
	联轴器间隙过大或间隙不均匀	重新调整
	对绝缘级来说环境温度过高	冷却电动机或更换具有适当绝缘等级的电机
皮带损坏	皮带损坏	更换

十三、污泥脱水机常见故障及排除方法

故障	主要原因	排除方法
泥饼含水率过高	履带涨紧力太小	加大涨紧力,一般不大于 0.5MPa
	滤带速度太快	降低滤速,一般不小于 3m/min
	污泥供量不均匀	调整
泥饼含水率过低	履带涨紧力太大	降低涨紧力,一般不小于 0.3MPa
	滤带速度太慢	增大滤速,一般不大于 8m/min
	污泥供量不均匀	调整
泥饼太薄	履带涨紧力太大	降低涨紧力,一般不小于 0.3MPa
	滤带速度太快	降低滤速,一般不小于 3m/min

续表

故障	主要原因	排除方法
泥饼太薄	进药量太小	增大进药量
	堵塞	清除
	污泥供量太小	调整
泥饼太厚	履带涨紧力太小	加大涨紧力,一般不大于 0.5MPa
	滤带速度太慢	增大滤速,一般不大于 8m/min
	进药量太大	减小进药量
	污泥供量太大	调整
处理量 太小	履带涨紧力太大	降低涨紧力,一般不小于 0.3MPa
	滤带速度太慢	增大滤速,一般不大于 8m/min
	进药量太小	增大进药量
	进药量过大	调整
	堵塞	清除
	污泥供量不足	调整
处理量 太大	履带涨紧力太小	加大涨紧力,一般不大于 0.5MPa
	滤带速度太快	降低滤速,一般不小于 3m/min
	进药量大	调整
	污泥供量太大	调整
滤带难于 冲洗干净	履带涨紧力太小	加大涨紧力,一般不大于 0.5MPa
	滤带速度太慢	增大滤速,一般不大于 8m/min
	发冲洗泵故障	检修
	冲洗机构堵塞	清除
泄露	连接口不密封	修复或更换
	缸体或活塞环损坏	修复或更换
	阀门失效损坏	修复或更换
振动或异常声音	轴承损坏	更换
	轴的平行度误差太大	重新调整
	限位开关失灵	检查、修复更换
	运动部位有摩擦或碰撞	重新调整
	连接松动	重新调整
滤带跑偏	物料不均匀	调整
	纠偏系统失灵或故障	检查开关
	辊系误差太大	调整
	气缸漏气失效	检查、修复
滤带损坏	长时间损坏,老化	更换
	滤带有摩擦	修复或更换
	接口不平	重新连接
减速机工 作不正常	参见一、减速机常见故障及排除方法	
电机工 作不正常	参见二、电机常见故障及排除方法	

十四、加药泵常见故障及排除方法

故障	主要原因	排除方法
泵不运行	储液池中药液位太低	向池中加入药液
	阀门损坏	清洗或更换
	电机启动器中热敏装置跳开	复位
	电压过低	重新调整
	泵内未充注液体	向压力管路输送液体,应使吸液管和泵头充满液体
	冲程调节设定到零的位置	重新调节冲程设定
泵的出液量不足	冲程设定不正确	重新调节冲程设定
	泵的运行速度不对	按泵的铭牌数据设定电压与频率
	吸液管泄露	修复
	吸程过高	提高液位
	出液管中的安全阀泄露	修复或更换
	液体黏度太高	降低浓度
	阀座磨损或污染	清洗或更换
	吸液量不足	增加吸液管径或吸液水头
输出量不稳定	吸液管泄露	修复
	安全阀泄露	修复或更换
	吸程水头不足	提高液位
	阀座磨损或污染	清洗或更换
	管路过滤器堵塞	清洗过滤器
电机或泵体过热	电机或泵体运行温度过高	冷却
	电源不符合电机的电气规格	调节电源与电机匹配
	泵在超过额定性能条件下运行	减小压力或冲程速度
	泵的润滑油加注错误	重新加注润滑油
泵在冲程设定时仍输送液体	误调千分刻度旋钮	重新调节冲程设定
	出液压差不足	改正运行条件
齿轮噪声过大	齿间间隙过大	检修更换
	轴承磨损	检修更换
	润滑油加注错误	重新加注润滑油
每次冲程都有响亮的冲击	过量的齿轮部件损耗	检修、更换
	轴承磨损	检修更换
泵头底部检测孔有物料泄露	隔膜破裂	更换
泵头底部检测孔有油泄露	油封损坏,连接螺栓松动	更换油封或紧固

第 3 篇

模拟仿真实训与生产安全

项目 16 给水处理自动控制模拟仿真实训项目

【项目实训目标】 通过实训项目，学生应能具备以下能力：

1. 通过模拟仿真，在计算机上操作，能深化对给水处理工艺流程运行和各处理构筑物关联的认识。

2. 能对运行工艺和处理构筑物和设备系统出现不同现象进行判别，按正确的工作流程和控制标准进行操作。

3. 能对常规给水处理自动控制工艺的常见故障进行分析和处理，确保工艺系统正常运行。

工程案例

模拟仿真 20 万 m^3/d 自来水厂生产工艺，自来水厂有 2 套平行独立运行的系统，如图 16-1、图 16-2 所示。包括上水管、加氯装置、加氨装置、絮凝池和平流沉淀池、V 型过滤池、清水池。取水泵站和送水泵站则各只设 1 个。其中：取水泵站设置 4 台相同的泵，额定流量为 $5000m^3/h$。送水泵站设置 5 台泵，其中 3 台的额定流量为 $7000m^3/h$，2 台为 $4000m^3/h$。上水管分为 2 路。加药（加矾、加碱、加絮凝剂）为统一加到上水管中，各计量泵皆为 1 用 1 备。加氯（前加氯）、加氨则分别用 2 台加氯机和 2 台加氨机加到 1 号、2 号上水管中，统一设置 1 台备用加氯机和 1 台备用加氨机。后加氯也是 2 用 1 备，分别加入到 1 号、2 号清水池中。

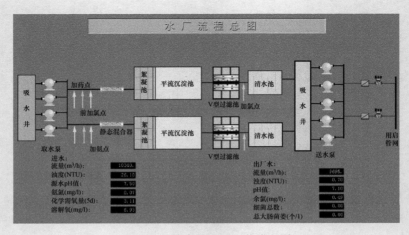

图 16-1 给水处理厂工艺流程图

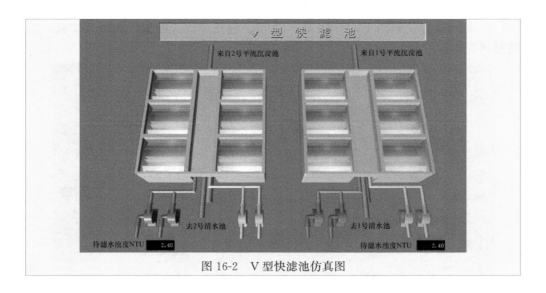

图 16-2   V 型快滤池仿真图

任务 1   给水处理工艺模拟仿真实训

1.1   实训目的

1．能根据自来水厂的主要设备设施设备运行参数，对取水泵站、加药装置、絮凝池、平流沉淀池、过滤池、清水池、送水泵站进行控制。

2．能正确控制运行给水处理常规工艺。

1.2   实训内容

给水处理厂的主要设备设施，包括取水泵站、加药装置、絮凝池、平流沉淀池、过滤池、清水池、送水泵站。具体内容包括这些设施的主要运行参数。

1．取水泵站：如图 16-3 所示。包括 4 个取水泵的流量、出口压力、给水参数。

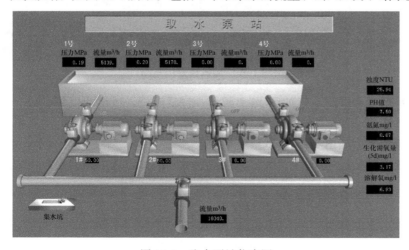

图 16-3   取水泵站仿真图

2. 加药装置：如图 16-4～图 16-6 所示。包括加矾、加氯、加碱、加氨、加助凝剂等装置。

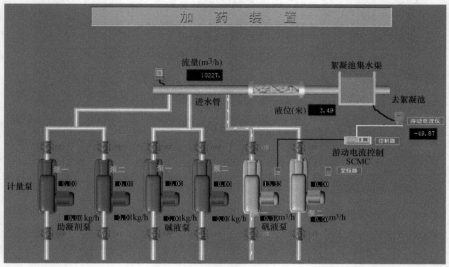

图 16-4　加药装置仿真图

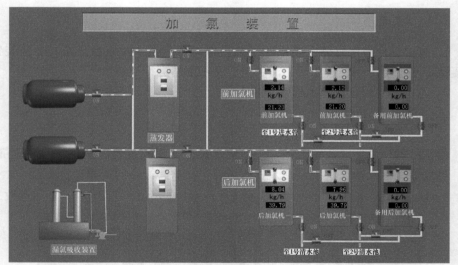

图 16-5　加氯装置仿真图

3. 絮凝池和沉淀池：如图 16-7 所示。包括液位，进出浊度等参数。
4. 过滤池：如图 16-2 所示。包括出口浊度及状态指示。
5. 清水池：如图 16-8 所示。包括液位。
6. 送水泵站：如图 16-9 所示。包括吸水井液位，送水泵的出口压力，流量。

1.3　实训步骤与指导

1. 源水浊度升高

现象：源水浊度升高，升高至 650 度，影响絮凝、沉淀效果。

指导方法：改变（加大）加药（絮凝剂、矾液）量，使游动电流仪的读数接近零，同时按絮凝池强制排泥按钮及平流沉淀池缩短排泥周期按钮。

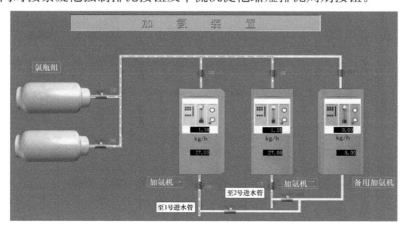

图 16-6　加氨装置仿真图

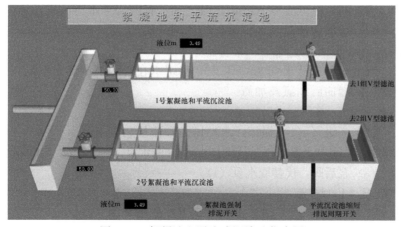

图 16-7　絮凝池和平流式沉淀池仿真图

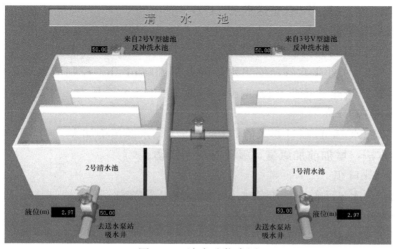

图 16-8　清水池仿真图

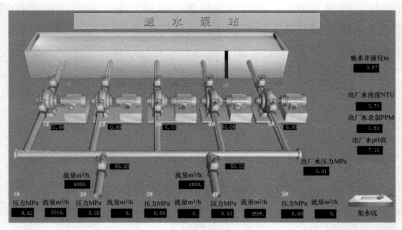

图 16-9　送水泵站仿真图

2. 管网余氯低

现象：当管网余氯低于 0.05mg/L 时，预示管网自来水再次受污染。

指导方法：增加后加氯及加氨量，按比例投加。

3. 出水余氯低

现象：当出水余氯低于 0.3mg/L 时，自来水在管网消毒能力不足。

指导方法：增加后加氯及加氨。

4. 一级泵（1）坏

现象：取水一级泵（1）损坏，出口压力和流量急剧下降。

指导方法：关闭取水泵（1）前后阀，同时开取水泵（3）前阀，启动取水泵（3），启动取水泵（3）泵后阀，代替取水泵（1）。

5. 二级泵（1）坏

现象：送水二级泵（1）损坏，出口压力和流量急剧下降。

指导方法：关闭送水泵（1）前后阀，同时开送水（2）泵前阀，启动送水泵（2），启动送水泵（3）泵后阀，代替送水泵（1）。

6. 出水降负荷处理

现象：管网压力升高，用水量减少。

指导方法：关小上水阀，使出水量降低到 6000m³/h。控制清水池高度，达到 3.5m 时停掉一组池，低于 1.5m 时开一组池；控制上水管压力，可关小一台泵。

7. 源水 BOD 高

现象：源水 BOD 高过要求值：3~4mg/L，水源污染加大。

指导方法：增加前加氯量，氧化有机污染物。

8. 源水 pH 低

现象：源水 pH 低于标准值 6.5，絮凝效果受影响。

指导方法：投加碱液，提高 pH。

9. 出水细菌超标

现象：出水细菌总数超 100 个/mL，水质不达标。

指导方法：增加后加氯量及投氨量。

10. 管网末端压力低

现象：管网压力低于 0.2MPa，用户用水量增加。

指导方法：开大一台泵，增加供水量。

11. 二泵出水管压力低

现象：出水管压力低于 0.39MPa。

指导方法：开一台大泵，开 5 号泵。

12. 管网压力高

现象：当管网压力高于 0.45MPa 时，用户用水量减少。

指导方法：关一台大泵，关 4 号泵。

13. 一级泵水泵前轴温高

现象：一级泵站取水泵前轴温度急升，报警。

指导方法：更换另一台泵运行，关闭轴温高的泵。

14. 二级泵水泵电机温度高

现象：二级泵站送水泵电机温度高于报警值，会引发事故。

指导方法：更换另一台泵运行，关闭电机温度高的泵。

15. 一级泵站排水井液位高

现象：一级泵房排水井液位高于 1.6m，自动排水泵失灵。

指导方法：人工控制起动备用排水泵。

16. 二级泵站排水井液位高

现象：二级泵房送水泵排水液位高于 1.6m，自动排水泵失灵。

指导方法：人工控制起动备用排水泵。

17. 漏氯吸收装置报警

现象：漏氯报警，且自动吸氯装置未动作，危险大。

指导方法：人工起动漏氯吸收装置。

任务 2　V 型滤池实训

2.1　实训目的

1. 通过对 V 型滤池的模拟运行，能正确操作 V 型滤池过滤和反冲洗。

2. 能分析常见现象如：滤池水位超高，设定泵损坏，两个滤池同时要求反冲洗时能及时处理并正确的操作，保障运行正常。

2.2　实训内容

给水 V 型滤池单元操作包括正常操作和反冲洗操作，如图 16-10、图 16-11 所示。给水 V 型滤池实训包括：

1. 滤池超时过滤。

2. 滤池水头损失超限。

3. 过滤水位超限。

4. 反冲洗泵 101A 故障。

5. 两滤池同时反冲洗。

因过滤和反冲洗耗时较长，为了适应教学需要以节省操作时间，设定在模拟仿真过滤阶段，模拟仿真运行 1s，相当于实际运行 36s；在反冲洗阶段，模拟仿真运行 1s，相当于实际运行 1.6s。

2.3　实训步骤与指导

1. 滤池超时过滤

现象：当滤池过滤超时，不进行反冲洗，滤池层水头损失增加，出水水质变差。

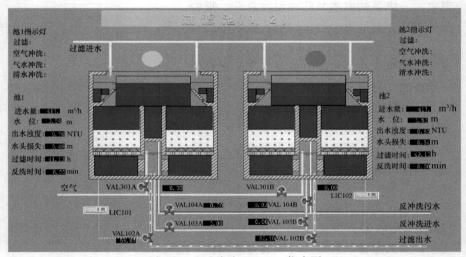

图 16-10　过滤池（1，2）仿真图

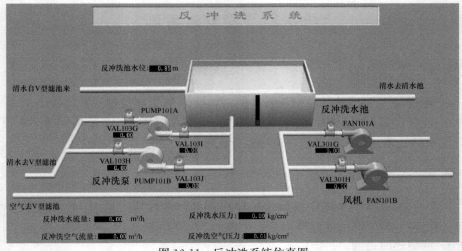

图 16-11　反冲洗系统仿真图

指导方法：操作过滤池 5 进入反冲洗状态。

（1）打开反冲洗污水阀 VAL104E（100）。

（2）关闭过滤出水阀 VAL102E（0）。

（3）启动风机 FAN101A/B。

（4）打开风机后阀 VAL301G/H（100），VAL301E（100）。

（5）打开反冲洗泵的前阀 VAL103I/J（100）。

（6）启动反冲洗泵 PUMP101A/B。

（7）打开反冲洗泵的后阀 VAL301G/H（100）。

（8）打开过滤池的反冲洗进水阀 VAL103E（100）。

（9）关闭过滤池进空气阀 VAL301E（100）和 VAL301G/H（100）。

（10）关闭反冲洗风机 FAN301A/B。

（11）2min 后，关闭过滤池的反冲洗进水阀 VAL103E（0）。

（12）打开过滤池出水阀 VAL102E（15）。

（13）关闭反冲洗污水阀 VAL104E（0）。

（14）逐步打开 VAL102E（20），水位上升至 3.5m 时投入自动运行状态。

2. 滤池水头损失超限

现象：滤池层水头损失增加，压力水头减少，出水水质变差。

指导方法：开启反冲洗程序，过滤池 4 进入反冲洗状态。

（1）打开反冲洗污水阀 VAL104D（100）。

（2）关闭过滤出水阀 VAL102D（0）。

（3）启动风机 FAN101A/B。

（4）打开风机后阀 VAL301G/H（100），VAL301D（100）。

（5）打开反冲洗泵的前阀 VAL103I/J（100）。

（6）启动反冲洗泵 PUMP101A/B。

（7）打开反冲洗泵的后阀 VAL301G/H（100）。

（8）打开过滤池的反冲洗进水阀 VAL103D（100）。

（9）关闭过滤池进空气阀 VAL301D（100）和 VAL301G/H（100）。

（10）关闭反冲洗风机 FAN301A/B。

（11）2min 后，关闭过滤池的反冲洗进水阀 VAL103D（0）。

（12）打开过滤池出水阀 VAL102D（15）。

（13）关闭反冲洗污水阀 VAL104D（0）。

（14）逐步打开 VAL102D（20），水位上升至 3.5m 时投入自动运行状态。

3. 过滤水位超限

现象：当滤池过滤水位超 3.5m 时，不能自行进行反冲洗，过滤水头过大。

指导方法：

（1）将 VAL102A 调手动（MAN）。

（2）将 VAL102A 的开度增大 3～5，待水位将到 3.5m 返回原值，投入自动（AUTO）运行状态。

4. 反冲洗泵 101A 故障

现象：101A 反冲洗水泵损坏，不能正常工作，滤池反冲洗受影响。

指导方法：人工控制过滤池 3 进入反冲洗状态。

（1）打开反冲洗污水阀 VAL104C（100）。

（2）关闭过滤出水阀 VAL102C（0）。

（3）启动风机 FAN101A/B。

（4）打开风机后阀 VAL301G/H（100），VAL301C（100）。

（5）打开反冲洗泵的前阀 VAL103J（100）。

（6）启动反冲洗泵 PUMP101B。

（7）打开反冲洗泵的后阀 VAL301G/H（100）。

（8）打开过滤池的反冲洗进水阀 VAL103C（100）。

（9）关闭过滤池进空气阀 VAL301C（100）和 VAL301G/H（100）。

（10）关闭反冲洗风机 FAN301A/B。

（11）2min 后，关闭过滤池的反冲洗进水阀 VAL103C（0）。

（12）打开过滤池出水阀 VAL102C（15）。

（13）关闭反冲洗污水阀 VAL104C（0）。

（14）逐步打开 VAL102C（20），水位升到 3.5m 时投入自动运行状态。

5. 两滤池同时反冲洗

现象：当两个滤池同时反冲洗时，其他滤池正常滤速超过强制滤速，出水水质不稳定。

指导方法：人工调节滤池 2、6 先后进入反冲洗。

（1）打开反冲洗污水阀 VAL104F（100）。

（2）关闭过滤出水阀 VAL102F（0）。

（3）启动风机 FAN101A/B。

（4）启动反冲洗泵 PUMP101A/B。

（5）关闭风机 FAN101A/B。

（6）关闭反冲洗泵 PUMP101A/B。

（7）打开过滤池出水阀 VAL102F（15）。

（8）关闭反冲洗污水阀 VAL104F（0）。

（9）逐步打开 VAL102F（20），水位升至 3.5m 时投入自动运行状态。

（10）打开反冲洗污水阀 VAL104B（100）。

（11）关闭过滤出水阀 VAL102B（0）。

（12）启动风机 FAN101A/B。

（13）启动反冲洗泵 PUMP101A/B。

（14）关闭风机 FAN101A/B。

（15）关闭反冲洗泵 PUMP101A/B。

（16）打开过滤池出水阀 VAL102B（15）。

（17）关闭反冲洗污水阀 VAL104B（0）。

（18）逐步打开 VAL102B（20），水位上升至 3.5m 时投入自动运行状态。

项目 17   污水处理自动控制仿真实训项目

【项目实训目标】 通过实训项目，学生应能具备以下能力：

1. 通过模拟仿真，在计算机上操作，学生能深化对城市污水处理工艺流程运行和各处理工段功能的认识，进而对污水处理运行过程进行全面监控。

2. 学生能对运行工艺和处理设备系统出现的不同现象进行判别，按正确的工作流程和控制标准进行操作。

3. 学生能对 A/O 工艺的常见故障进行分析和处理，提出初步解决方案确保工艺系统正常运行。

工程案例

1. 污水量

某污水处理厂采用 A/O 工艺，处理厂规模 50 万 m^3/d，总变化系数采用 1.2，最大负荷为 60 万 m^3/d。

2. 处理工艺

污水处理采用先进的缺氧好氧活性污泥法，延长曝气时间，使出水完全硝化；曝气池设计采用除氮工艺，出水水质标准高，便于工业回用。污水处理工艺，如图 17-1 所示。

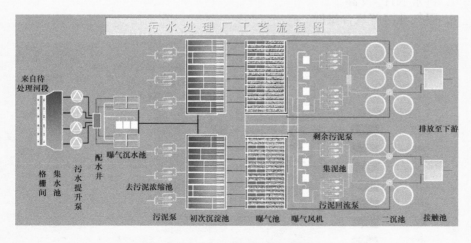

图 17-1 污水处理厂工艺流程图

3. 污水水质

进出水水质，见表 17-1。

进出水水质表				（单位：mg/L）	表 17-1
水质指标	进水浓度	出水标准	水质指标	进水浓度	出水标准
BOD_5	200	≤30	NH_3-N	30	≤25
COD	500	≤120	pH	6～9	6～9
SS	250	≤30			

任务 1　城市污水处理工段实训

1.1　实训目的

1. 能正确操作城市水处理主要设备设施，对照主要运行参数，能对曝气沉砂池、初沉池、提升泵房、曝气池、二沉池、鼓风机房进行正确的操作。
2. 可模拟运行控制 A/O 污水处理工艺。

1.2　实训内容

模拟城市污水处理 A/O 法，污水处理主要由曝气沉砂池、初沉池、提升泵房、曝气池、二沉池、格栅、鼓风机房等组成。如图 17-2～图 17-8 所示。实训内容包括：

1. 提升泵 1 温度超标。
2. 提升泵 2 电流超标。
3. 进水 pH 值低。
4. 处理负荷增大。
5. 进水 SS 高。
6. 进水 BOD 高。
7. 进水 NH_3-N 高。
8. 曝气池溶解氧含量低。

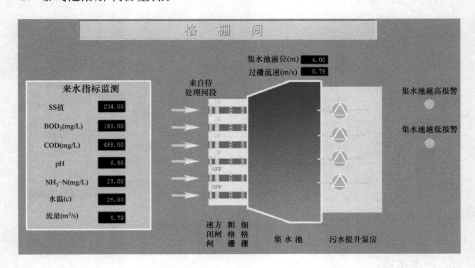

图 17-2　格栅间仿真图

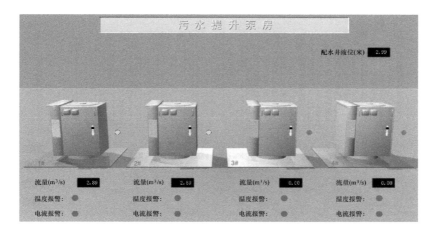

图 17-3　污水提升泵房仿真图

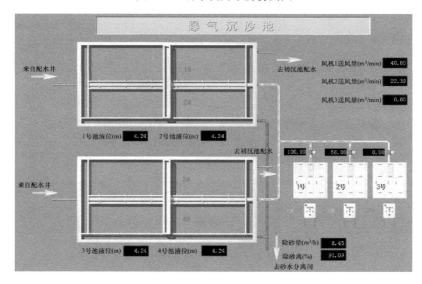

图 17-4　曝气沉砂池仿真图

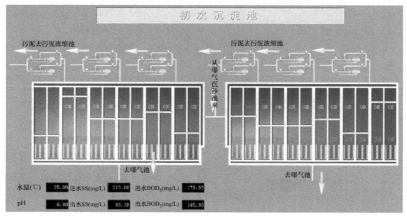

图 17-5　初次沉淀池仿真图

图 17-6　曝气池总图仿真图

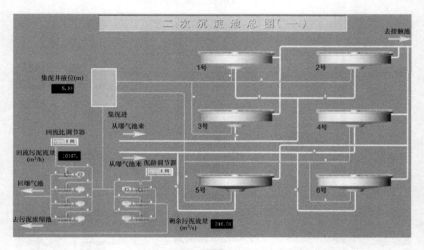

图 17-7　二沉池总图仿真图

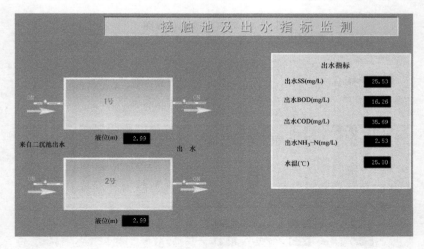

图 17-8　接触池仿真图

1.3　实训步骤与指导

1. 提升泵 1 温度超标

现象：提升泵 1 温度不断升高，超出允许范围，出现报警指示。

指导方法：使用备用泵。（1）停提升泵 1（2）打开备用的提升泵 2 或 4。

2. 提升泵 2 电流超标

现象：提升泵 2 电流过载、超标，出现报警指示。

指导方法：使用备用泵。（1）停提升泵 2（2）打开备用的提升泵 3 或 4。

3. 进水 pH 低

现象：进水 pH 偏低，处理效果差。

指导方法：停止进水，关闭进水方闸 1～5。

4. 处理负荷增大

现象：受自然条件影响，进水量突然增大，初沉池流入污水流量增大会导致池的水力负荷增大，SS 去除滤下降，排泥量增大。

指导方法：启动备用池，减小水力负荷。

（1）打开进水方阀 5 和 6。

（2）启动提升泵 3 或 4。

（3）增大曝气沉砂池处 2 号鼓风机风量。

（4）分别开启 11 号、12 号、23 号、24 号初沉池。

（5）增大第一组和第二组曝气池回流比。

（6）增大曝气池处 6 号鼓风机风量。

（7）开启曝气池处 7 号鼓风机。

5. 进水悬浮物（SS）浓度高

现象：流入污水 SS 增大会导致出口污水的 SS 增大，排泥量增大。

指导方法：启动备用池，减小水力负荷，增大排泥泵的排泥流量。分别开启 11 号、12 号、23 号、24 号初沉池。

6. 进水 BOD 高

现象：来水 BOD 高，导致曝气池有机负荷升高，溶解氧浓度下降，出水水质超标。

指导方法：开备用初沉池，增大曝气量。

（1）分别开启 11 号、12 号、23 号、24 号初沉池。

（2）增大第一组和第二组曝气池回流比。

（3）增大曝气池处 6 号鼓风机风量。

（4）开启曝气池处 7 号鼓风机。

7. 进水 NH_3-N 高

现象：NH_3-N 升高，溶解氧浓度下降，硝化程度降低。二沉池发生反硝化，泥位上升，污泥流。

指导方法：提高溶解氧浓度，降低污泥负荷。

（1）增大 6 号鼓风机风量。

（2）启动 7 号鼓风机。

（3）增大第一组二沉池污泥回流量。

（4）增大第二组二沉池污泥回流量。

8. 曝气池溶解氧含量低

现象：曝气池溶解氧含量低，活性污泥活性降低。

指导方法：增加大曝气量。开启风机 7 和 8。

1.4　污水处理仿真实训工艺常见异常项目分析

1. 出现来水 pH 值偏低情况时，监测设备会报警，进水水质调节不到位会出现此种现象，此时应关闭进水阀门，停止进水，进行调节池检修。

2. 出现来水流量不稳定情况时，流量计示数频繁变化或报警，可能是进水水量调节不到位，此时应关闭进水阀门，停止进水，进行调节池流量调节检修。

3. 出现来水流量突然增大情况时，会导致格栅过栅流速增大、初沉池水力表面负荷增大、曝气池有机负荷增大、曝气池有机物去除率降低、曝气池溶解氧下降，此时应该启用备用格栅、启用备用初沉池、增大污泥回流比、增大曝气量并开启备用供气设备。

4. 出现来水 SS 升高情况时，沉淀效率降低，SS 去除率降低，此时应该启用备用初沉池。

5. 出现来水 COD 升高情况时是，曝气池内有机负荷升高，有机物去除率下降，曝气池溶解氧下降，此时应该增大曝气量，开启备用供气设备。

6. 出现来水氨氮高情况时，溶解氧浓度降低，硝化程度降低，出水氨氮升高二沉池污泥发生反硝化，导致泥面升高，污泥流失，此时应该增大曝气量，开启备用供气设备，增大回流，降低污泥负荷。

1.5　污水处理仿真实训机械设备异常项目分析

1. 当提升泵、风机等设备过热时，设备报警，可能是轴承损坏或润滑不好，电动机超负荷，设备散热不好，此时应该启用备用设备，检修故障设备。

2. 当二沉池刮泥设备发生故障时，刮泥机会停止转动，二沉池出水漂浮物增多，此时应该检修设备。

3. 当浓缩池刮泥机发生故障时，刮泥机停止转动，导致浓缩效果下降，此时应该减小浓缩池进泥流量，及时检修设备。

4. 当污泥泵发生机械故障时，污泥泵停转报警，浓缩池进泥量减少，此时应该启用备用污泥泵，及时检修故障污泥泵。

5. 当消化池换热器发生故障时，消化池监控设备报警，此时应该关闭、检修换热器，关闭消化池进泥，打开通往二级消化池的旁路。

任务 2　活性污泥工段实训

2.1　实训目的

1. 学生能正确操作活性污泥处理主要设备设施，对照主要运行参数，能对曝气池鼓风曝气、二沉池回流污泥和排泥过程进行正确的操作。

2. 学生可模拟运行控制 A/O 工艺活性污泥处理。

2.2　实训内容

模拟城市污水处理 A/O 法，活性污泥处理主要由曝气池、二沉池、回流污泥系统和剩余污泥排放系统组成。如图 17-9～图 17-12 所示。实训内容包括：

1. 处理负荷增大。
2. 出现泡沫问题。
3. 进水 BOD 超高。
4. 进水 NH_3-N 超高。
5. 污泥膨胀。
6. 出现污泥上浮。
7. 1 号回流污泥泵发生故障。
8. 1 号风机发生故障。

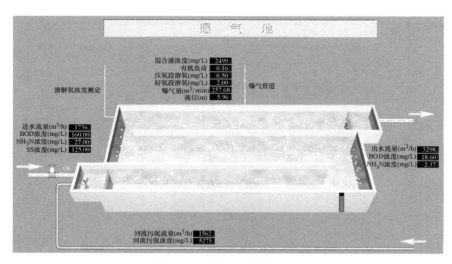

图 17-9　曝气池单体仿真图

2.3　实训步骤与指导

1. 处理负荷增大

现象：处理负荷增大，部分曝气池内的污泥转移到二沉池，使曝气池内 MLSS 降低，有机负荷升高。而实际此时曝气池内需要更多的 MLSS 去处理增加了的污水。二沉池内污泥量的增加会导致泥位上升，污泥流失，同时导致二沉池水力负荷增加，出水水质变差。

指导方法：

（1）增大溶解氧浓度设定值。

（2）剩余污泥泵由自动切手动，并减少剩余污泥排放，保证有足够的活性

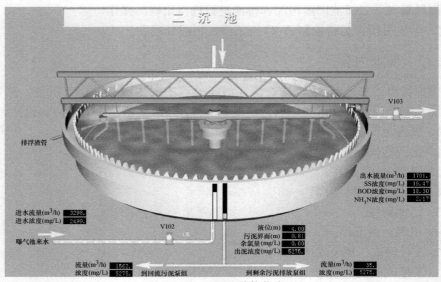

图 17-10　二沉池单体仿真图

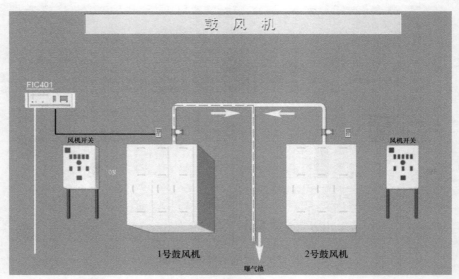

图 17-11　鼓风机仿真图

污泥。

（3）回流污泥泵切手动并提高回流量，以提高曝气池混合液浓度、降低有机负荷。

2. 出现泡沫问题

现象：当污水中含有大量的合成洗涤剂或其他起泡物质时，曝气池中会产生大量的泡沫。泡沫给操作带来困难，影响工作运行环境，同时会使活性污泥流失，造成出水水质下降。

指导方法：增大回流比，提高曝气池活性污泥浓度。

3. 进水 BOD 超高

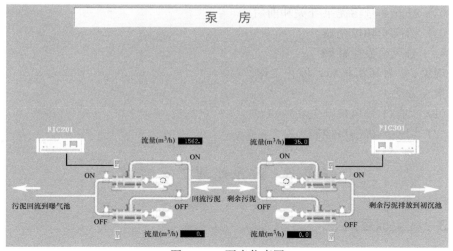

图 17-12　泵房仿真图

现象：BOD 超高，导致曝气池有机负荷升高，溶解氧浓度下降，出水水质超标。

指导方法：

（1）增大大溶解氧浓度设定值。

（2）剩余污泥泵由自动切手动，并减少剩余污泥排放，保证有足够的活性污泥。

（3）回流污泥泵切手动，并提高回流量，以提高曝气池混合液浓度、降低有机负荷。

4. 进水 NH_3-N 超高

现象：NH_3-N 升高，溶解氧浓度下降，硝化程度降低。二沉池发生反硝化，泥位上升，污泥流。

指导方法：

（1）提高溶解氧浓度。

（2）增大回流，降低污泥负荷，使硝化充分进行。

5. 污泥膨胀

现象：丝状菌膨胀引起污泥膨胀，使二沉池污泥上浮，导致活性污泥流失，出水水质下降。

指导方法：投加液氯，抑制丝状菌膨胀。

6. 出现污泥上浮

现象：由于反硝化作用产生氮气导致二沉池污泥上浮，使活性污泥流失，出水水质下降。

指导方法：增大剩余污泥排放量，以缩短二沉池污泥的停留时间。

7. 1 号回流污泥泵发生故障

现象：1 号回流污泥泵损坏，停止工作。

指导方法：

（1）关闭 1 号污泥泵开关和前后阀。

（2）打开 2 号污泥泵开关和前后阀。

（3）切换变频控制器。

8. 1 号风机发生故障

现象：1 号风机损坏，停止工作。

指导方法：

（1）关闭 1 号风机开关。

（2）切换风机出口控制。

任务 3　污泥处理工艺实训

3.1　实训目的

1. 学生能正确操作污泥处理主要设备设施，对照主要运行参数，能对污泥浓缩、污泥消化、污泥脱水过程进行正确的操作。

2. 学生可模拟运行控制污泥处理工艺。

3.2　实训内容

污泥的处理工艺主要由浓缩池、消化池、压滤机组成。如图 17-13～图 17-15 所示。实训内容包括：

1. 1 号浓缩池进泥中水含量增大。

2. 2 号浓缩池进泥中水含量减小。

3. 4 号浓缩池刮泥机发生故障。

4. 5 号浓缩池处螺杆泵发生故障。

5. 2 号一级消化池消化系统崩溃。

6. 配药浓度升高。

7. 压滤机滤带打滑。

3.3　实训步骤与指导

1. 1 号浓缩池进泥中水含量增大

现象：1 号浓缩池进泥中水含量增大，泥含量减小，浓缩池负荷减轻。

指导方法：增大排泥速率，以缩短停留时间，增大 1 号螺杆泵排泥流量。

2. 2 号浓缩池进泥中水含量减小

现象：2 号浓缩池进泥中水含量减小，泥含量减小，浓缩池负荷增大。

指导方法：减小进泥流量，使浓缩速率等于排泥速率。减小 2 号浓缩池进泥流量。

3. 4 号浓缩池刮泥机发生故障

现象：刮泥机发生故障，泥不能及时排到泥斗中，同时助浓作用消失，减小了浓缩速率。

指导方法：减小 4 号浓缩池进泥流量。

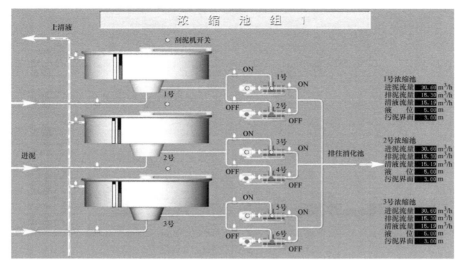

图 17-13 浓缩池仿真图

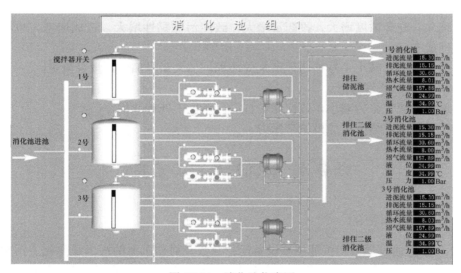

图 17-14 消化池仿真图

4. 5 号浓缩池处螺杆泵发生故障

现象：9 号螺杆泵出故障。

指导方法：切换备用的 10 号螺杆。（1）关闭 9 号泵。（2）关闭 9 号泵的前阀和后阀。（3）打开 10 号泵的前阀和后阀。（4）设定 10 号泵的转速。（5）打开 10 号泵。

5. 2 号一级消化池消化系统崩溃

现象：消化系统崩溃，污泥中的有机物质得不到转化，有毒物质得不到消除，沼气产量急剧下降。

指导方法：打开二级消化池进泥旁路，临时充当一级消化池。（1）关闭 2 号

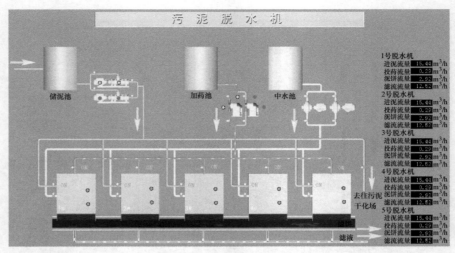

图 17-15 污泥脱水机仿真图

一级消化池进泥。（2）打开 7 号二级消化池进泥旁路。

6. 配药浓度升高

现象：配药浓度增大，投药量增大，致使污泥黏性增大，造成堵塞，也增加了处理成本。

指导方法：减小 1 号加药计量泵的冲程，加大 1 号加药计量泵流量。

7. 压滤机滤带打滑

现象：滤带张力减小，致使滤带打滑，降低了处理效果。

指导方法：增大压滤机滤带张力。

任务 4 初沉池处理工艺实训

4.1 实训目的

1. 学生通过学习初沉池主要设备运行参数，对初沉池的污水量变化、污水温度变化、入流污水 SS 高等参数变化能作出正确的判断，并能正确操作处理。

2. 学生可模拟控制污水处理初沉池工艺。

4.2 实训内容

初次沉淀池主要任务是去除悬浮物中的可沉固体物质，其工艺如图 17-16～图 17-18 所示。实训内容包括：

1. 污水入口流量 Q 变化。

2. 污水入口温度变化。

3. 入流污水 SS 变化。

4. 排泥泵故障。

5. 1 号初沉池刮泥机故障。

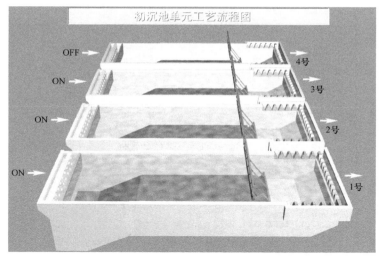

图 17-16　初沉池仿真图

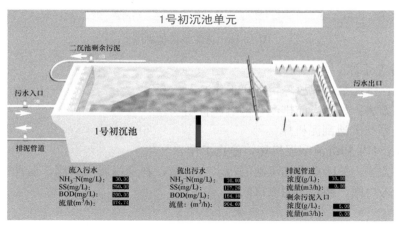

图 17-17　初沉池单体仿真图

4.3　实训步骤与指导

1. 初沉池流入污水 SS 增大

现象：初沉池流入污水 SS 增大会导致出口污水的 SS 增大，排泥量增大。

指导方法：启动备用池，减小水力负荷，增大排泥泵的排泥流量。

2. 初沉池流入污水流量增大

现象：初沉池流入污水流量增大会导致池的水力负荷增大，影响悬浮物去除效果，排泥量增大。

指导方法：启动备用池，减小水力负荷。

3. 初沉池流入污水温度降低

现象：初沉池流入污水温度降低会导致 SS 去除率下降。

指导方法：启动备用池，减小水力负荷，减小排泥泵的排泥流量。

169

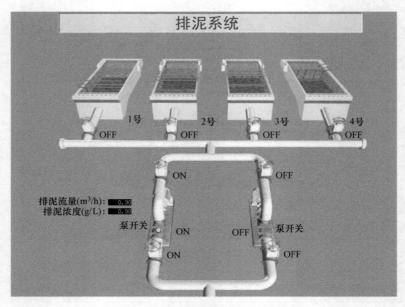

图 17-18　排泥系统仿真图

4. 排泥泵坏

现象：排泥泵出现故障，停止工作。

指导方法：关闭当前排泥泵，启动备用泵。

5. 1 号初沉池刮泥机坏

现象：1 号初沉池刮泥机坏，停止工作。

指导方法：关闭 1 号初沉池的污水入口阀，剩余污泥入口阀，启动 4 号备用池的污水入口阀，剩余污泥入口阀。

任务 5　消化池处理工艺实训

5.1　实训目的

1. 学生通过学习消化池主要设备运行参数，对由于 pH 值、碱度、温度和毒物的影响能正确操作处理。

2. 学生可模拟控制运行污水处理厂厌氧消化工艺。

5.2　实训内容

污泥的厌氧消化系统由消化池、加热系统、搅拌系统、进排泥系统和集气系统组成。如图 17-19～图 17-22 所示。实训内容包括：

1. 1 号消化池的加热管线污泥泵损坏。

2. 1 号消化池的 pH 值突然下降。

3. 1 号消化池的毒物含量突然增加。

5.3　实训步骤与指导

1. 1号消化池的加热管线污泥泵损坏

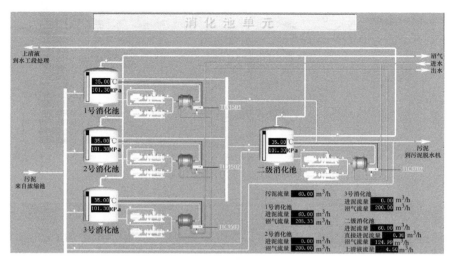

图 17-19　消化池单元仿真图

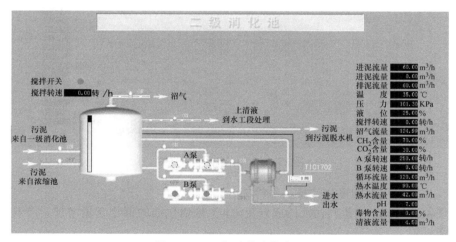

图 17-20　二级消化池仿真图

现象：由于泵损坏，无法使污泥通过换热器从而保持消化池的温度，1 号消化池的温度将降低，产气量急剧下降。

指导方法：尽快启动备用泵，关闭损坏泵的前后阀和电源开关进行检修。

2. 1号消化池的 pH 值突然降低

现象：可能由于进料污泥的成分变化，1 号消化池的 pH 值突然降低，产气量急剧下降。

指导方法：停止进料，等待池内 pH 值和进泥恢复正常后再进料恢复正常操作。

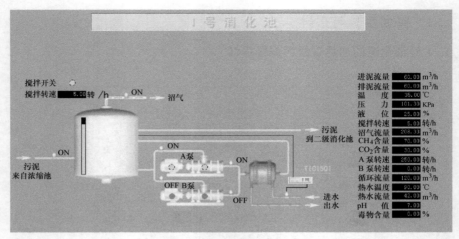

图 17-21　1 号消化池仿真图

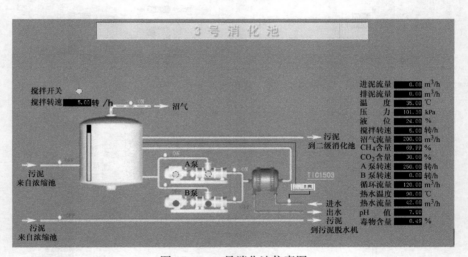

图 17-22　3 号消化池仿真图

3. 1 号消化池的毒物含量突然增加

现象：可能由于进料污泥的成分变化，1 号消化池的毒物含量增加，产气量急剧下降。

指导方法：停止进料，等待池内毒物含量和进泥恢复正常后再进料恢复正常操作。

项目 18　水处理厂生产安全

【项目实训目标】

　　抓好安全教育，提高每位工作人员的安全素质，是事关全厂工作安全的大事。安全生产是水处理企业的重中之重，一个人的安全素质，是一个人的安全知识、安全行为、安全思想的综合体现。通过安全教育、安全培训、安全演练，学生能够学习各种安全操作规程、安全生产法规，并具备一定的安全素质。通过实训项目，学生应能具备以下能力：

　　1. 提高对安全生产重要意义的认知，了解和懂得国家有关安全生产的法律、法规和企业各项安全生产规章制度，依法进行安全生产，依法保护人身安全与健康权益。

　　2. 学会必须具备的安全技术知识，以适应对工厂常见危险因素的预防、排查和处理。提高处理、防范事故能力和自我保护能力，从而避免各类事故的发生。

　　3. 通过学习，由"要我安全"的意识提高到"我懂安全"，进而强化到"我要安全"和"我保安全"的责任意识，成为生产中自觉执行的工作任务。

任务 1　安全生产措施与制度

1.1　实训目的

　　在水处理企业的日常生产中重视安全生产意识，建立相关安全机制，制定相关的安全生产措施，部门的安全责任和安全生产规章制度，加强管理，从而保证水处理厂的运行效率与安全。

　　1. 了解加强企业的安全生产管理、建立健全安全生产责任制度的重要性。

　　2. 学习并掌握安全生产措施、安全管理组织，不同工作岗位的安全管理制度。

　　3. 通过学习，自觉遵守安全操作规程，不违规作业，牢固建立重视安全生产，安全第一的生产观念。

1.2　安全生产措施

　　水处理厂的生产过程中，会产生一些不安全、不卫生的因素，如不及时采取防护措施，势必危害劳动者的安全和健康，产生工伤事故或职业病，妨碍生产的正常运行。例如：水处理厂的电器设备很多，如不注意安全用电就可能引发触电事故；污水厂消化区的沼气属易燃易爆气体，如不采取防火防爆措施，极有可能引起爆炸；污水厂污水池、井内易产生和积累有毒的 H_2S 气体，如不采取安全生产特殊措施，下池下井就可能中毒甚至死亡；污水中含有各种病菌和寄生虫卵，污水处理工接触污水后，如不注意卫生，可能引起疾病和寄生虫病等等。因此，确保安全生产，改善劳动条件是水处理厂正常运转的前提条件。

在水处理厂安全工作中，必须贯彻执行我国《中华人民共和国安全生产法》，遵守相关劳动保护法规要求。牢固树立起"安全第一、预防为主"的思想。正确处理好"生产必须安全、安全促进生产"的辩证关系。要求把水处理厂生产过程中的危险因素和职业危害消灭在萌芽之中，切实保障劳动者的安全和健康，确保水处理厂安全稳定的运转。我国主要的劳动保护法规有"三大规程"和国务院关于加强企业生产中安全工作的几项规定。三大规程是指："工厂安全卫生规程""建筑安装工程安全技术规程"和"工人职员伤亡事故报告规程"。此外，还要贯彻执行地方政府和上级部门制定的安全生产、劳动保护条例和制度。这些法规和制度是水处理厂开展安全生产劳动保护工作的依据和准则。

此外，在水处理厂运行中，特别要注意变配电设备的操作环境，鼓风机房的防噪措施，水处理构筑物的防人落入措施，储气罐区及污水厂消化区的防爆防火条件，污水厂下井下池的防毒措施，格栅垃圾和沉砂池沉渣区域的卫生条件。为强化劳动保护，应该发放必要的集体和个人劳动防护用品，防护用品的主要种类是防毒用品，绝缘用品，卫生用品，具体用品需根据各地实际需要确定。

现代化的水处理厂，在安全生产方面应该建立一系列制度，这些制度主要有：安全生产责任制、安全生产教育制、安全生产检查制、伤亡事故报告处理制、防火防爆制度以及各种安全操作规程。

1. "安全生产责任制"是根据"管生产必须管安全"的原则，以制度形式明确规定水处理厂各级领导和各类人员在生产活动中应负的安全责任。它是水处理厂岗位责任制的一个重要组成部分，是水处理厂最基本的一项安全制度。它规定了水处理厂各级领导人员，各职能科室，安全管理部门及单位职工的安全生产职责范围，以便各负其责，做到计划、布置、检查、总结和评比安全工作（即"五同时"），从而保证在完成生产任务的同时，做到安全生产。

2. "安全生产教育制"规定对新工人必须进行三级安全教育（入厂教育、车间教育和岗位教育），经考试合格后，才准独立操作。对电器、起重机、锅炉、受压容器、焊接、车辆驾驶等特殊工程的工人，必须进行安全技术培训，经考试合格，领取"特殊工种操作证"方可独立操作。水处理厂必须建立安全活动制度，对调动工种或更新设备都必须向工人作相应的安全教育。

3. "安全生产检查制"规定工人上班前，对所操作的机器设备和工具必须进行检查；生产班组必须定期对所管机具和设备进行安全检查；厂部由领导组织定期进行安全生产检查，查出问题要逐条整改，在规定假日前，组织安全生产大检查。

4. "伤亡事故报告处理制"规定要认真贯彻执行国务院发布的"工人职员伤亡事故报告规程"，凡发生人身伤亡事故和重大事故，必须严格执行"三不放过原则"（事故原因分析不清不放过；事故责任者和群众没有受到教育不放过；防范措施不落实不放过）。重大人身伤亡事故后，要立即抢救，保护现场，按规定期限逐级报告，对事故责任者应根据责任轻重，损失大小，认识态度提出处理意见。对重大事故要及时召开现场分析会，对因工负伤的职工和死者家属，要亲切关怀，做好善后处理工作。

5. "防火防爆制度"规定严禁带火种进入木工间、油库、储气罐和污水厂消化池附近等处；制定电气焊器材（乙炔发生器等）和点焊操作的防火措施；制定受压容器（氧气瓶、锅炉等）的防爆措施；建立消化区防火防爆制度，并建立动火审批制度，避免引起火灾和爆炸。

为了贯彻执行各项安全生产制度，水处理厂应制定安全生产管理奖惩条例。对违反国家劳动保护安全生产规定，违反安全生产制度，违反安全操作规程，不履行安全生产责任制的干部和工人实行处罚；对安全生产中成绩显著、排除隐患、遵守规章制度、改进安全设施等有贡献者实行奖励。所有水处理厂都必须制定各工种安全操作规程，如泵站管理工、鼓风机管理工、水处理运行工、化验工等都应制定安全操作规程。许多通用工种，如电工、车工、刨工、钳工、电焊工、驾驶员、汽车修理工等也应有安全操作规程。各工种的安全操作规程，要定期组织学习，定期进行考核。

为了保证安全制度的贯彻，必须有强有力的组织措施。建立安全管理部门并设置各级专职或兼职安全技术员或安全员。厂部应根据其规模大小，设 1～2 名专职安全技术员（1 万 m^3/d 以下小厂可兼职），各班组应设兼职安全员 1 名。安全技术员和安全员应定期活动。

在厂长领导下，安全干部和兼职安全员不仅要做好日常安全生产管理工作，而且要做好季节性安全生产管理工作。

一年四季中，有些季节气候条件不利于安全生产。例如：每年春夏之间梅雨季节，要发动职工进行梅雨季节前的安全用电检查，对职工进行一次安全用电及触电急救知识的宣传教育。每年 3～10 月东南沿海地区多台风，要做好水处理厂的防台风和防潮防汛排灌工作。每年盛夏，要做好防暑降温工作。对于北方水处理厂每年冬季，要做好防寒保暖工作。在冰雪天气中，特别要注意管道的防冻，走道和扶梯的防滑。在极寒条件下要严格控制工艺参数确保池内温度，防止冻胀对于构筑物和管道的危害。

1.3　安全管理组织

水处理厂的运行管理，同其他行业的运行管理一样，是对生产活动进行计划、组织、控制和协调等工作的总称，是企业各种管理活动（例如：行政管理、技术管理、设备管理、"三产"管理）的一部分，是企业各种经营活动中最重要的部分。其包括从原水至净化处理后出水的全过程的管理。

水处理企业应建立以厂长为组长的厂安全生产领导小组，领导全厂的安全生产和劳动保护工作。水处理企业建立由厂安全生产领导小组为领导的全厂安全生产管理网络，负责各部门、班组的安全生产管理工作。以主要企业主管为领导，行政部具体负责，组成厂安全防火领导小组，负责全厂安全防火工作，如图18-1所示。

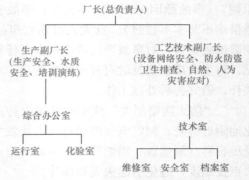

图18-1　深圳某水厂安全组织架构

1.4　安全生产责任制

1. 水处理企业主管领导负责全厂安全生产管理工作、劳动保护工作和安全防火工作。其主要责任是：

（1）严格贯彻执行国家和上级有关安全工作的法令、法规、制度和规定。

（2）建立、健全本厂的安全生产责任制。

（3）组织制定本厂安全生产规章、制度和操作规程。

（4）保证本厂安全生产投入的有效实施。

（5）督促本厂的安全生产工作，及时消除安全生产隐患。

（6）组织制定并实施本厂的生产安全事故应急救援预案。

2. 水处理企业主要负责人及分管部门主管的安全生产职责包括对所负责的生产（管理）环节具有领导责任。同时应做好：

（1）协助企业负责人做好本厂的安全生产管理工作。

（2）认真做好各自主管范围内的安全管理工作。

（3）定期组织、检查分管范围内的安全工作情况，协调部门间的工作关系。

（4）在编制分管范围内各部门的生产、物资、培训教育等方面计划时，应将安全生产作为重要内容之一，纳入计划并贯彻落实。

3. 水处理企业技术行政部门的安全职责包括：

（1）检查本厂有关安全生产、劳动保护的法规、政策、制度的执行情况。

（2）在拟制本厂工作计划和总结时，应同时计划和总结安全生产。

（3）及时反馈安全生产工作中的重要信息。

（4）定期检查安全防火设施和工作情况。

（5）严格执行安全生产"五同时"，在生产计划、布置、检查、总结，评比时，必须同时计划、布置、检查、总结，评比安全情况，按照安全要求下达安全考核指标。

（6）坚持"管生产必须管安全"的原则，认真贯彻执行和宣传安全生产法规和政策，在编制生产计划的同时负责编制安全技术劳动保护措施。

（7）负责制定和修订生产中的各项安全操作规程，并检查执行情况，做好安全管理工作。

（8）坚持"安全第一，预防为主"的方针，每月组织对全厂设备运行、安全生产情况进行一次检查，及时发现问题，杜绝隐患，确保生产安全。

（9）加强生产、施工现场的安全管理，保证各项安全劳动保护措施的实施，建立安全生产、文明施工的良好秩序。

（10）组织对安全事故的调查处理，提出防范措施，坚决做到事故原因不清不放过，事故的责任者没有得到教育不放过，群众没有受到教育不放过，防范措施没有落实不放过。

（11）认真做好安全劳动技术措施的"三同时"，即与主体工程同时设计，同时施工，同时投产。

（12）按规定发放劳保用品，检查劳动保护和防护用品的使用情况。

（13）安全技术措施计划所需费用列入财务计划并落实，专款专用，不得挪作他用。

（14）组织好安全生产的三级教育。

（15）定期组织职工的岗位培训和特殊工种的专业培训、考核、发证和换证工作。

（16）对新进人员和调换岗位的工人应进行安全教育，未经教育者，不得安排上岗。

（17）在编制职工技术培训计划、考工、定级时都应有安全技术知识内容。

（18）经常对职工进行健康知识教育，制定卫生措施、防止职业病、传染病和食物中毒。

（19）督促、检查食堂卫生，做好防暑降温，防寒保暖等季节性安全工作。

（20）做好厂区环境卫生的整治工作。

（21）结合班组宣传工作，定期做好安全生产、卫生保护的宣传教育工作。

4. 水处理企业应设置专属安全生产机构，并配置专职安全员进行日常安全生产巡查及管理工作，具体包括：

（1）协助上级部门贯彻执行国家的安全生产，劳动保护的方针、政策、法规，参加上级召开的安全生产工作会议，并及时传达、检查执行情况。

（2）参加、督促有关部门编制并审定安全生产制度、安全操作规程、安全技术措施、检查贯彻执行情况。

（3）经常检查、分析本单位安全生产情况，对事故隐患，发限期整改通知，对重大危及安全的隐患，有权责令停产治理并迅速报总经理。

（4）配合有关部门，做好安全生产宣传教育工作。

（5）督促有关部门按规定发放劳动保护用品和正确使用劳动保护用品。

（6）参加事故的调查、处理工作，协助有关部门提出防止事故重复发生的措施，督促按期实行。做好工场事故的统计、分析、上报工作。

5. 水处理企业班组长和班组安全员是安全生产的具体管理者，班组长和班组安全员的责任是：

（1）负责对本班人员进行安全生产教育和岗位安全教育，按期开展班组安全活动。

（2）带头遵守和督促班组人员遵守各项安全管理制度，督促正确使用防护用品，及时制止和纠正违章现象。

（3）在安排班组生产任务的同时，应同时安排布置安全防护措施。

（4）发现生产中不安全的情况，应及时采取措施，如本班不能解决的应及时上报，在落实措施后方可继续生产。

（5）发生事故应立即上报，并保护好现场，伤员要迅速送往医院救治。及时召开事故分析会，汲取教训，落实防护措施。

6. 水处理企业单位职工是安全生产的具体执行者。职工的责任是：

（1）应自觉遵守厂内劳动纪律和各项规章制度，严格执行安全操作规程，不违章作业，并制止他人违章作业。

（2）熟悉和掌握设备日常维护规程，及时、认真做好设备的日常维护保养工作，确保安全生产。

（3）积极参加安全生产活动，接受安全教育，正确使用机具设备、工具和劳动防护用品，切实做好个人安全生产工作。

1.5　建立安全生产宣传教育制度

安全生产教育是指向单位全体有关人员进行的安全思想、安全知识、安全技能的宣传、教育和训练。它在水处理厂的建设和运行管理中占有重要的地位。

安全教育的作用在于提高职工安全意识，树立"安全第一，预防为主"思想；提高职工安全知识水平和实际操作技能；动员全体职工参与安全管理。

首先，应对进入本厂新职工进行三级安全教育，由厂部进行厂级安全教育，行政部进行部门教育，分配到岗位后由班组进行岗位教育。经考核合格后方能上岗操作。

其次，单位安全生产管理部门应对电气、起重机（包括行车）、锅炉、受压容器、焊接、车辆驾驶等特殊工种人员，必须经过专门的安全技术培训，经考核合格，领取特殊工种的操作证后，方可独立进行操作。并定期参加年审、考核、换证工作。

此外，在采用新的生产方式、添置新设备或调换工作岗位的时候，必须对工人进行操作培训和新工作岗位的安全教育。采取各种宣传方式，大力宣传安全生产，努力营造良好的安全生产氛围。

1.6　安全生产检查制度

安全生产检查是生产过程中及时预测、预防和整改各种事故隐患，提高安全生产的有效性和可靠性的有效措施。安全生产检查可分为：日常安全检查，定期安全检查，季节性安全检查，节日前后安全检查和重要部位检查。

1. 日常安全检查要求各班组每天进行一次岗位安全检查，发现问题及时汇报并采取措施，妥善解决。对操作人员要求按规定佩戴劳动保护用品，衣帽整洁；严格执行工艺技术规程、安全操作规程，禁止违章操作。

2. 定期安全检查由分管安全的副厂长主持，行政部门具体组织，每月对全厂安全生产、设备运行及防护安全进行全面检查，发现故障和隐患，落实责任人，限期整改。

3. 季节性安全检查一年两次，分冬季防冻、防火安全检查和夏季防暑降温安全检查，确保季节变化时的安全生产。

4. 节日前后安全检查是对职工进行节日安全教育，消除因节日期间职工纪律松懈工作人员较少等原因引起的不安全因素。

5. 重点部位检查是变电所、提升泵房、水处理构筑物、仓库等，这几个在生产过程中影响大、功率大、危险性大的关键部位应进行专门的安全检查。所有作业现场要求原材料堆放整齐，保持道路通畅；走梯、平台、栏杆要牢固、完整；通风、除尘、降噪以及其他安全设施要保持完整、好用；作业现场各种安全标示牌、警示牌等要保持完好无损；要经常保持作业场所清洁、文明。

1.7　消防安全管理制度

1. 消防安全责任

（1）水处理企业负责人应全面负责本厂的消防安全工作。包括：

1）贯彻执行消防法规，保障本厂消防安全符合规定，掌握本厂的消防安全情况。

2）将消防工作与本厂的生产、科研、经营、管理等活动统筹安排，批准实施年度消防工作计划。

3）为本厂的消防安全提供必要的经费和组织保障。

4）确定逐级消防安全责任，批准实施消防安全制度和保障消防安全的操作规程。

5）组织防火检查，督促落实火灾隐患整改，及时处理设计消防安全的重大问题。

6）根据消防法规的规定建立义务消防队。

7）组织制定符合本厂实际的灭火和应急疏散预案，并实施演练。

（2）水处理企业应设置专职消防安全员，安全员是本厂的消防安全管理人。安全员的消防安全责任是：

1）拟定年度消防工作计划，组织实施日常消防安全管理工作。

2）组织制定消防安全制度和保障消防安全的操作规程并检查督促落实。

3）拟定消防安全工作的资金投入和组织保障方案。

4）组织实施防火检查和火灾隐患整改工作。

5）组织实施对本厂消防设施、灭火器材和消防安全标志维护保养，确保其完好有效，确保疏散通道和安全出口畅通。

6）组织管理义务消防队。

7）组织开展对员工进行消防知识、技能的宣传教育和培训，组织灭火和应急疏散预案的实施和演练。

（3）职工是本厂消防安全工作的具体执行者。职工的消防安全责任是：

1）职工必须接受有关部门的消防培训，掌握扑救火灾的一般常识，必须懂得本岗位的防火要求，否则不准上岗操作。

2）严格遵守厂内的各项防火制度。

3）保持室内完好、整洁、不准堆放可燃物。

4）经常检查本岗位的防火安全，发现隐患及时处理并报告防火部门。

5）严禁在防火重点部位吸烟，使用明火等。

6）认真保管好消防器材，未经防火部门许可，消防器材不得挪作他用。

2. 消防安全检查，行政和技术部门应至少每季度进行一次防火检查，各班组应至少每月进行一次防火检查，检查的内容包括：

（1）火灾隐患的整改情况以及防范措施的落实情况。

（2）安全疏散通道、疏散指示标志、应急照明和安全出口情况。

（3）消防通道、消防水源完好情况。

（4）灭火器材配置及有效情况。

（5）用火、用电有无声音情况。

（6）特殊工种人员及其他员工消防知识的掌握情况。

（7）消防安全重点部位的管理情况。

（8）易燃易爆、危险化学品和厂所防火防爆措施的落实情况以及其他重要污渍的防火安全情况。

（9）消防值班情况和设施运行、记录情况。

（10）防火巡查情况。

（11）消防安全标志的设置情况和完好、有效情况。

防火检查应当填写检查记录。检查人员和被检查部门负责人应当在检查记录上签名。

3. 消防安全宣传教育和培训，行政部门及各班组作为消防安全管理工作的具体执行者，应当对每一名职工至少每年进行一次消防安全培训。宣传教育和培训内容应当包括：

（1）有关消防法规、本岗位消防设施的性能、灭火器材的使用方法。

（2）报火警、扑救火灾以及自救逃生的知识和技能。

（3）火灾应急预案的有关内容。

4. 消防器材管理

（1）厂区消防器材范畴包括：灭火器、消火栓、消防水龙、消防带、沙桶等。

（2）为确保消防器材能迅速有效扑灭初期火灾的预期目的，行政部门组织对消防器材定期检查与维护保养。

（3）各班组配备的消防器材，必须由专人管理，不得随意挪作他用。

（4）各消防责任人要掌握各种消防器材的性能、用途及保养使用方法。发现问题及时向行政部门汇报，以便于及时维修和更换，从而确保消防器材的正常使用。

（5）对在无任何火情、火灾的情况下随意动用和损坏消防器材者，按规定对其进行严肃处理。

5. 危险品、易燃、易爆品安全管理规定

（1）储存、使用化学危险品和易燃易爆品的部门和个人，必须遵守各项安全管理制度，安全操作规程和防火安全制度。

（2）使用危险品、易燃易爆品时，必须有安全防护措施，并对盛装危险品的容器进行检查，消除隐患，防止火灾、爆炸、中毒等事故的发生。

（3）危险品、易燃易爆品入库前，必须进行检查登记，入库后应定期进行检查。库内严禁吸烟和使用明火并配备相应的消防器材。

（4）危险品、易燃易爆品必须储存在专用储存室（柜）内，实行双人双锁保管。储存以满足生产需要为前提，不宜大量积存。

（5）危险品领用实行两人两本账登记方法，应定期对账，做到账账相对无误，以防危险品流失。

（6）使用危险品，易燃易爆品人员，必须穿戴好劳动防护用品，注意自身安全保护。

（7）采购、存放、使用危险化学品必须按照国家有关规定，严格执行有关制度，任何部门及个人不得私自进入危险品仓库，领用危险化学品。

（8）危险化学品采购员、保管员需持证上岗，定期参加复检及其他规定的培训教育活动。

6. 化学危险品管理规定

（1）为了加强对化学危险品的安全管理，保证安全生产，保障职工生命财产的安全，保护环境，制定本规定。

（2）凡在本单位储存和使用化学危险品的部门和个人，必须遵守本规定。

（3）本规定所指的化学危险品是指化验室所使用的化学药品。

（4）化学危险品仓库管理人员必须经过培训，考核合格后持证上岗，并保持人员的相对稳定。

（5）剧毒品必须执行双人管理、双把锁、双人运输、双人收发、双人使用的"五双"制度，领用时必须经主要负责人审批。

（6）盛装化学危险品的容器，在使用前后必须进行检查，消除隐患，防止火灾、爆炸、中毒等事故发生。

（7）化学危险品应当分类分项存放，堆垛之间的主要通道应当有安全距离，不得超量储存。

（8）遇火、遇潮容易燃烧、爆炸或产生有毒气体的化学危险品，不得在露天、潮湿、漏雨和低洼容易积水的地点存放。

（9）受阳光照射容易燃烧、爆炸或产生有毒气体的化学危险品及桶装、罐装等易燃液体、气体应当在阴凉通风地点存放。

（10）化学性质或防护、灭火方法相互抵触的化学危险品，不得在同一仓库或同一储存室存放。

任务 2　安全技术管理

2.1　实训目的

工作人员是现场生产安全的直接责任人，应对现场生产安全技术了解透彻，才能保障生产安全。安全技术管理包括给水水源卫生保护、防火防爆防恐、安全用电、机械安全防护等多方面。

1. 掌握给水水源卫生防护安全技术管理。

2. 掌握防火防爆安全技术管理。

3. 掌握用电安全技术管理。

4. 掌握设备安全技术管理。

5. 掌握人身防护安全技术管理。

6. 掌握防恐防盗安全技术管理。

2.2　给水水源卫生防护安全管理

给水水源的卫生防护在国家标准《生活饮用水卫生标准》GB 5749—2006 中有明确规定，这是一项强制执行的国家标准，小城镇给水厂也应无条件地执行。

1. 地下水源的卫生防护

管井（机井）、大口井、渗渠或井群的水文地质影响半径范围内是地下水源的防护范围。在防护范围内，不得使用工业废水或生活污水灌溉农田，不得使用有持久性或剧毒的农药；不得修建渗水厕所、渗水坑；不得堆放垃圾、废渣或铺设污水管道和化粪池；不得从事破坏深层土层的活动。

分散式的水源井（深井手动泵的深井）还应建立必要的卫生制度，如规定不得在井台上洗菜洗物、饮牲畜，井台要加高、封闭，避免雨水流入，设置专用水桶等。

各类泉水和岩溶地区地下水的防护范围应同有关部门专门研究确定。

2. 地表水源的卫生防护

水库和湖泊取水点周围半径不小于 100m 范围，河流取水点上游 1000m 至下游 100m 范围。供生活饮用水的专用水库或湖泊，应视具体情况将整个水库、湖泊及其沿岸范围作为水源防护范围，设立明显的范围标志。在防护范围内不得停靠船只、游泳、捕捞和从事一切可能污染水源的活动；不得排入工业废水和生活污水。沿岸防护范围内不得堆放废渣、垃圾，不得设置有害化学品的仓库或堆栈，不得设立装卸垃圾、粪便和有害物品的码头，农田不得使用工业废水和生活污水灌溉及使用有持久性和有毒的农药，也不得从事放牧。

在河流取水点上游，应严格控制向河流排放污染物，并实行总量控制。排放的污水应符合《工业企业设计卫生标准》GBZ 1 和《地表水环境质量标准》GB 3838 的有关要求，最终以取水点水质符合生活饮用水源取水标准为准绳。

3. 给水厂生产区的卫生防护

给水厂生产区和单独设立的泵房、净水构筑物、清水池（含高位水池）外小于 10m 的范围内，不得设立生活居住区和禽畜饲养场，不得修建渗水厕所和渗水坑，不得堆放垃圾、粪便、废渣或铺设污水管（渠）道，应保持良好的卫生状况并搞好绿化。

给水水源卫生防护地带的范围和具体规定，供水单位应会同规划设计、水文地质、卫生、环保、公安等部门商定后，由当地政府或立法部门批准公布执行，并在防护地带设置固定告示牌。

2.3　防火防爆安全生产管理

在企业生产经营过程中，不可避免地需储存一些易燃易爆危险物品。这些物品在生产、运输、使用、储存过程中，一旦管理不善或使用不当，极易发生火灾、爆炸等安全事故，造成人员伤亡、设备损坏、建筑物破坏，给工厂带来不可估量的损失。因此，防火防爆是一项十分重要的工作。

1. 防火防爆基本措施

从理论上讲，使可燃物质不处于危险状态或者消除一切着火源，这两项措施，只要控制其一，就可以防止火灾和化学爆炸事故的发生。但在生产过程中，由于生产条件的限制或某些不可控制因素的影响，仅采取一种措施是不够的，往往需要采取多方面的措施，以提高生产过程的安全程度。另外，还应考虑其他辅助措施，以便在发生火灾爆炸事故时，减少危害程度，将损失降到最低限度。

（1）厂房在设计时，应符合建筑设计防火规范的要求。

（2）防止可燃可爆系统的形成。为防止可燃物与空气或其他氧化剂作用形成危险状态，在生产过程中，首先应加强对可燃物的管理和控制，利用不燃或难燃物料取代可燃物料，不让可燃物料泄漏和聚集形成爆炸性混合物；其次是防止空气和其他氧化性物质进入设备内或防止泄漏的可燃物料与空气混合。

1）取代或控制用量

在工艺可行的条件下，在生产过程中不用或少用易燃易爆物质，如用不燃或不易燃、不易爆的有机溶剂（如四氯化碳）或水取代易燃的苯、汽油，根据工艺条件选择沸点较高的溶剂等。

2）加强密闭

为防止易燃气体、蒸气和可燃性粉尘与空气形成爆炸性混合物，应设法使生产设备和容器尽可能密闭操作。对具有压力的设备，应防止气体、液体或粉尘溢出与空气形成爆炸性混合物；对真空设备应防止空气漏入设备内部达到爆炸极限。开口的容器、破损的铁桶、容积较大且没有保护措施的玻璃瓶，不允许贮存易燃液体；不耐压的容器不能贮存压缩气体和加压液体。

为保证设备的密闭性，处理危险物料的设备及管路系统应尽量少用法兰连接；输送危险气体、液体的管道应采用无缝钢管；盛装具有腐蚀性介质的容器，底部尽可能不装阀门，腐蚀性液体应从顶部抽吸排出。如果采用液位计的玻璃管，要装设坚固的保护装置，以免打碎玻璃，漏出易燃液体。

如果设备本身不能密封，可采用液封或负压操作，以防系统中有毒或可燃性气体逸入厂房。加压或减压设备，在投产前和定期检修后应检查密闭性和耐压程度。所有压缩机、液压泵、导管、阀门、法兰接头等容易漏油、漏气部位应经常检查、填料如有损坏应立即调换，以防渗漏。设备在运行中也应经常检查气密情况，操作温度和压力必须严格控制，不允许超温、接触氧化剂如高锰酸钾、氯酸钾、硝酸铵、漂白粉等。生产的传动装置部分密闭必须良好。应定期清洗传动装置，及时更换润滑剂，以免传动部分因摩擦发热而导致燃烧爆炸。

3）通风排气

在防火防爆环境中对通风排气的要求：①易燃易爆无毒性的物质；②易燃易爆有毒性的物质。

对有火灾爆炸危险的厂房，通风气体不能循环使用；排风/送风设备应有独立分开的风机室，送风系统应送入较纯净的空气；排除、输送温度超过 80℃的空气或其他气体以及有燃烧爆炸危险的气体、粉尘的通风设备应用非燃烧材料制成；空气中含有易燃易爆危险物质的场所使用的通风机和调节设备应防爆。

排除有燃烧爆炸危险的粉尘和容易起火的碎屑的排风系统，其除尘器装置也应防爆。有爆炸危险粉尘的空气流体宜在进入排风机前选用恰当的方法进行除尘净化，如果粉尘与水混合会发生爆炸，则不应采用湿法除尘。

对局部通风，应注意气体或蒸气的密度，密度比空气大的气体要防止其在低洼处积聚，密度比空气小的气体要防止其在高处死角上积聚，有时即使是少量气体也会使厂房局部空间达到爆炸极限。

设备的一切排气管（放气管）都应伸出屋外，高出附近屋顶；排气不应造成负压，也不应堵塞。如排出蒸汽遇冷凝结，则放气管还应考虑有加热保护措施。

4）惰性化

在可燃气体或蒸气与空气的混合气中充入惰性气体，可降低氧气、可燃物的百分比，从而消除爆炸危险和阻止火焰的传播。在以下几种场合常采用惰性化。

A. 易燃固体的粉碎、研磨、混合、筛分以及粉状物料的气流输送。

B. 开工、检修前的处理作业。

C. 可燃气体混合物的生产和处理过程。

D. 易燃液体的输送和装卸作业等。

（3）消除、控制引燃能源

在有火灾爆炸危险的生产场所，应对各类着火源引起充分的注意，并采取严格的控制措施。

1）明火和高温表面

对于易燃液体的加热应尽量避免采用明火。一般加热时可采用热水或蒸气；当采用矿物油、联苯醚等载热体时，加热温度必须低于载热体的安全使用温度，在使用时要保持良好的循环并留有载热体膨胀的余地，防止传热管路产生局部高温出现结焦现象；定期检查载热体的成分，及时处理或更换变质的载热体；当采用高温熔盐载热体时，应严格控制熔盐的配比，不得混入有机杂质，以防载热体在高温下爆炸。如果必须采用明火，设备应严格密封，燃烧室应与设备分开建筑或隔离，并按防火规定预留防火间距。

在使用油浴加热时，要有防止油蒸气起火的措施。在积存有可燃气体、蒸气的管沟、深坑、下水道及其附近没有消除危险之前，禁止明火作业。

在有火灾爆炸危险的场所进行明火作业时，应按动火制度进行。汽车、拖拉机、柴油机等在未采取防火措施时不得进入危险场所，必要时装火星熄灭器，并且在一定范围内不得堆放易燃易爆物品。

高温物料的输送管线严禁与可燃物、可燃建筑构件等接触，应防止可燃物散落在高温表面上；可燃物的排放口应远离高温表面，如果接近，则应有隔热措施。

维修作业在禁火区动火，应严格执行动火审批手续、进行动火分析，采取预防措施，并加强现场监督检查，以确保安全作业。

对危险化学品的设备、管道，维修动火前必须进行清洗、扫线、置换。此外对其附近的地面、阴沟也要用水冲洗。明火与有火灾及爆炸危险的厂房和仓库等相邻时，应保证足够的安全间距。

2）摩擦与撞击

摩擦与撞击往往成为引起火灾爆炸事故的原因。如机器上轴承等摩擦发热起火；金属零件、铁钉等落入粉碎机、反应器、提升机等设备内，由于铁器和机件的撞击起火；磨床砂轮等摩擦及铁质工具相互撞击或与混凝土地面撞击发生火花；导管或容器破裂，内部溶液和气体喷出时摩擦起火。因此，在有火灾爆炸危险的场所，应采取防止火花生成的措施。

A. 机器上的轴承等转动部件，应保证有良好的润滑，要及时加油，并且经常清除附着的可燃污垢；机件的摩擦部分，如搅拌机和通风机上的轴承，最好采用有色金属制造的轴瓦。

B. 锤子、扳手等工具应防爆。

C. 为防止金属零件等落入设备或粉碎机里，在设备进料口前应装磁力离析器。不宜使用磁力离析器的危险物料破碎时，应采用惰性气体保护。

D. 输送气体或液体的管道，应定期进行耐压试验，防止破裂或接口松脱而喷射起火。

E. 凡是撞击或摩擦的两部分都应采用不同的金属（如铜与钢）制成，通风机翼应采用不发生火花的材料制作。

F. 搬运金属容器，严禁在地上抛掷或拖拉，在容器可能碰撞部位覆盖不会产生火花的材料。

G. 防爆生产厂房，地面应铺阻燃材料的地坪，进入车间禁止穿带铁钉的鞋。

H. 吊装盛有可燃气体或液体的金属容器吊车，应定期进行安全检查，以防吊绳断裂、吊钩松脱，造成坠落冲击发生火灾。

I. 高压气体通过管道时，应防止管道中的铁锈随气流流动与管壁摩擦变成高温粒子，而成为可燃气的着火源。

3）防止电气火花

在易发生火灾爆炸危险场所，必须根据物质的危险特性正确选用不同的防爆电气设备；必须设置可靠的避雷设施。有静电积聚危险的生产装置和装卸作业应有控制流速、导除静电、静电消除器、添加防静电剂等有效的消除静电措施。

4）有效监控，及时处理

在有可燃气体、蒸气可能泄漏的区域设置检测报警仪，这是监测空气中易燃易爆物质含量的重要措施。当可燃气体或液体发生泄漏而操作人员尚未发现时，检测报警仪可在设定的安全浓度范围外发生警报，便于及时处理泄漏点，从而避免发生重大事故。

5）其他管理措施

A. 应清楚防火通道的方向路线，并保持防火门和防火通道畅通无阻。

B. 易燃易爆场所应有足够的、适用的消防器材，并要定期检查；掌握各种灭火器的使用方法，并清楚灭火器的位置。

185

C. 工作场所勿堆积纸张、染有油污的破布或其他易燃废物。

D. 严禁在禁止吸烟的区域内吸烟。

E. 不要将能产生静电火花的电子物品（传呼机、手机等）带入易燃易爆等危险场所。

F. 对于使用的电气设施，如发现绝缘破损、老化、超负荷以及不符合防火防爆要求时，应停止使用，立即上报给予解决。

2. 火场逃生方法

（1）如果由于衣物静电作用或吸烟不慎而引起火灾时，应迅速将衣服脱下或撕下，或就地滚翻将火压灭，但注意不要滚动太快。如果有水可迅速用水灭火，但人体被火烧伤时一定不能用水浇，以防感染。

（2）用湿毛巾、手帕捂鼻护嘴。注意：不要顺风疏散、应弯腰或匍匐前进（但石油液化气或城市煤气火灾时例外）。

（3）遮盖护身。

（4）寻找避难场所。如果火势较大，无法疏散，可寻找避难场所等待救援。

（5）多层楼逃生，可利用雨水管、雨篷、绳索、消防水带，也可用床单撕成条连接，但一端一定要很好地固定。

（6）利用疏散通道逃生。注意利用楼梯、自动利用扶梯、消防电梯，严禁乘坐普通电梯。

2.4　安全用电管理

在现代社会中，电能已被广泛应用于工农业生产和人民生活等各个领域，人们的生产和生活都离不开电。但是，电在造福人类的同时也带来了隐患。触电事故、静电危害事故、雷电灾害事故、电磁场危害和电气系统故障危害事故等是电气事故的类型，其中以触电事故最为常见。

1. 电流对人体的作用

电流通过人体内部，能使肌肉产生突然收缩效应，产生针刺感、压迫感、打击感、痉挛、疼痛、血压升高、昏迷、心律不齐、心室颤动等症状，这不仅可使触电者无法摆脱带电体，而且还会造成机械性损伤。更为严重的是，流过人体的电流还会产生热效应和化学效应，从而引起一系列急骤、严重的病理变化。热效应可使肌体组织烧伤，特别是高压触电，会使身体燃烧。电流对心跳、呼吸的影响更大，几十毫安的电流通过呼吸中枢可使呼吸停止。直接流过心脏的电流只需达到几十微安就可使心脏形成心室纤维性颤动而死。触电对人体损伤的程度与电流的大小及种类、电压、接触部位、持续时间以及人体的健康状况等均有密切关系。一般认为，从手到脚的电流途径最为危险，其次是从一只手到另一只手的电流途径，最后是从一只脚到另一只脚的电流途径。触电还容易因剧烈痉挛而引起二次事故。

2. 防止触电事故基本措施

（1）接零、接地保护系统

按电源系统中性点是否接地，分别采用保护接零系统或保护接地系统。

（2）漏电保护（又称剩余电流保护）

按《漏电保护器安装和运行》GB 13955—1992 的要求，在电源中性点直接接地的 TN，TT 保护系统中，在规定的设备、场所范围内必须安装漏电保护器和实现漏电保护器的分级保护。一旦发生漏电，切断电源时会造成事故和重大经济损失的装置和场所，应安装报警式漏电保护器。

不允许停电的特殊设备和场所、公共场所的应急照明和安全设备、防盗报警电源、消防电梯和消防设备电源均应安装报警式漏电保护器。

（3）绝缘

根据环境条件（潮湿、高温、有导电性粉尘、腐蚀性气体、金属占有系数大的工作环境，如：机加工、铆工、电炉电极加工、锻工、铸工、酸洗、电镀、漂染车间和水泵房、空压机房、锅炉房等场所）选用加强绝缘或双重绝缘（Ⅱ类）的电动工具、设备和导线；采用绝缘防护用品（绝缘手套、绝缘鞋、绝缘垫等）、不导电环境（地面、墙面均用不导电材料制成）；上述设备和环境均不得有保护接零或保护接地装置。

（4）电气隔离

采用原、副边电压相等的隔离变压器，实现工作回路与其他回路的电气隔离。在隔离变压器的副边构成一个不接地隔离回路（工作回路），可阻断在副边工作的人员单相触电时电击电流的通路。

2.5　设备安全管理

生产设备（装置、设施）是实施生产工艺的主要技术手段，也是产生、使用、贮存能量或危险物的载体。保证生产设备符合安全卫生要求并且安全运行，是安全技术管理的繁重任务。

设备安全管理涉及设备的研究、设计、制造、选购、安装、使用、维修、更新、改造，直到报废的全过程。对使用设备的水处理厂及泵站来说，设备安全管理主要包括以下内容：

1. 认真执行以防为主的设备维修方针，实行设备分级归口管理，协调管、用、修关系，明确各方职责，努力把设备故障和设备事故消除在萌芽状态。

2. 正确选购设备，严格采购后的质量验收把关，保证其安全性与可靠性，并认真进行安装调试。

3. 制定施工艺规程和操作规程，正确合理使用设备，防止不按使用范围、不按操作规程使用设备和超负荷现象发生。

4. 做好日常的设备维护、保养工作，并认真执行设备的计划预防修理和点检定修制度。

5. 有计划、有步骤地积极进行设备的改造与更新工作，尤其是那些可靠性与安全性能差的陈旧设备要有重点地进行更新改造，以提高设备安全化水平，改善劳动条件。

2.6　人身防护安全管理

安全技术管理人员要认真组织实施有益生产环境安全的规程、标准。

　　组织制定和实施安全技术操作规程。安全技术操作规程是规定工人操作机器仪表的程序和注意事项的技术文件。制定安全操作规程要根据生产工艺、机械设备、仪器仪表的特性，参考安全操作经验和事故教训。安全操作规程的主要内容包括生产与安全的操作步骤和程序，有安全技术知识、注意事项，正确使用个人防护用品的方法、预防事故的紧急措施和设备维修保养事项等。这些都是从控制人的操作行为上预防伤亡事故的有效方法。

　　水处理厂应当根据国家的主管部门颁发的安全技术操作规程和各工种、各岗位的实际需要定出安全操作的详细要求，以进一步实施这些规程，确保操作安全。

　　加强个人防护用品的管理。个人防护是为厂保护劳动者在生产过程中的生命安全和身体健康，预防工伤事故和各种职业毒害而采取的一种防护性辅助措施。

　　水处理厂应当根据职工工作性质和劳动条件，配备符合安全卫生要求的劳动防护用品、用具（水处理行业除了配备一般的个人防护用品，如：防护服、防护手套、防护鞋、防护眼镜等以外，还应配备防毒面具、救生衣、救生圈等），并应指导工人正确使用。

　　加强个人防护用品的管理是安全措施的重要内容。个人防护用品是劳动过程中必备的生产资料，不是福利待遇，不应折发现金。

　　组织制定安全技术标准。安全技术标准是保证企事业单位安全生产的基本技术准则。促进安全工作标准化，是提高安全管理水平的重要途径。安全工作标准化包括安全管理工作标准化、设备安全标准化、作业环境标准化、岗位操作标准化。

　　给水处理厂内各岗位操作人员应穿戴齐全劳保用品，做好安全防范工作。起重设备应有专人负责操作，吊物下方严禁站人。在处理构筑物护栏的明显位置上要安放救生圈或救生衣等，为落水人员提供救护用品。严禁非岗位人员启闭该岗位的机电设备。

　　由于各工段和构筑物有不同的工艺要求，因此具体的运行管理和安全要求还有所不同，一般需要针对工段和岗位制定相应的运行管理和安全操作规定或条例，以便增强可操作性，有关水处理厂安全操作的规定见国家行业标准《城市给水处理厂运行、维护及其安全技术规程》《城市污水处理厂运行、维护及其安全技术规程》。

任务 3　水处理厂应急预案

3.1　实训目的

　　水处理厂是重要的安全生产企业，牢固树立起"安全第一、预防为主"的思想。做好应急事故处理预案，应对可能发生的人为或自然灾害、特殊事故，防患于未然，确保城市水处理的正常运行，保障财产和人员的安全。

　　1. 防汛防台，能协助进行台风、暴雨、洪水期间水处理的控制过程。

2. 能应对处理生产过程中出现意外停电突发性事故，确保生产及时、迅速、有序的正常运行，协助制定相关预案。

3. 能应对突发性有毒气体中毒事故发生，并能够在事故发生时，及时准确、有条不紊的控制和处理事故，协助开展自救和互救。

3.2　地震紧急处置预案

1. 适用范围

收到本市辖区及周边地区发生 5 级以上破坏性地震的临震预报后，应对可能发生的特殊自然灾害，确保城市水处理的正常，保障企业财产和人员的安全。

2. 应急情况处理

（1）及时向地震部门了解震情监视情况及震情变化。加强设备维护、检查、巡查工作。要求在岗生产职工戴好安全帽，以防意外发生。

（2）主管技术、安全厂长组织抢险人员对各工艺系统的构筑物、稳压配水井、净水间、送水泵房、加氯间、氯气库、投药间、污泥处理间及变电所、控制室和水质化验室进行安全检查，按工程抗震要求加强设防。

（3）加强电气设备、氯气消毒设备巡查和必要的防护，保证生产安全。

（4）对生产作业区的玻璃门窗贴上胶纸，防止发生地震时碎玻璃伤人。

（5）严密监视生产区、生活区建筑物安全情况，如发现建筑物大梁柱有裂痕，应该立即疏散人员，待稳定后再巡查生产设施损坏情况。

（6）做好地震应急宣传教育工作，有效平息出现的谣言或误传，保持一线职工思想稳定。

3. 地震后应急完成以下措施

（1）总指挥在破坏性地震发生后，第一时间将受灾情况上报上级部门。

（2）水厂各部门按指挥部的指令，落实各自职责，做好抢险的各项工作。抢险期间应该设立抢险专线电话，并要派人 24 小时值守，领导小组成员通信工具必须 24 小时开机状态。

（3）抢险组立即对遭到破坏的设施进行抢修，做到小修不过夜，大修连夜抢，尽快恢复设备运行，同时开启备用机组和备用电源。

3.3　防汛防台应急预案

1. 适用范围

本预案适用于台风、暴雨、洪水期间水处理的控制过程。应对可能发生的特殊自然灾害，确保城市水处理的正常，保障企业财产和人员的安全。

2. 准备阶段及一般要求

（1）台风、暴雨、洪水季节到来前，抢修人员应对所有抢修设备进行检修保养，使其处于良好的备用状态。

（2）台风、暴雨、洪水到来前，设备的使用部门应对本部门管辖的水处理设施进行检查，确定其处于良好状态，并有检查记录可查。

（3）应通过气象台预报及时了解天气变化的趋势，按照上级的要求及时落实好防汛、防台的措施。

（4）台风、暴雨、洪水到来前，各部门应关好门窗，检查室内的悬挂物、固定物是否存在安全隐患。

（5）台风、暴雨、洪水到来时，值班人员严禁随意在水处理建筑物上行走。

（6）台风、暴雨、洪水后，化验岗位的人员应增加对进、出水水质检测的频率。污水处理厂特别注意污水处理生化工艺段内污泥活性和生物种类递变规律。

3. 应急情况处理

（1）台风造成电力中断工艺不能正常运行时，值班员应立即报告上级部门，并且坚守在岗位上，服从区域统一调度。

（2）台风、暴雨、洪水造成财产损失和人员伤亡事故时，当班人员应立即报告上级部门，并在力所能及的范围内进行有关的抢救工作。

（3）汛期水处理厂排污水体水位高于警戒水位时，应服从防汛统一调度，必要时须暂停排水，如上游来水超过污水处理厂能力时，可请示上级部门通过超越管线排水，保证污水处理企业厂区安全。

（4）汛期或洪峰时段前应预留调节容量，由于污水处理厂往往设置于城市下游低洼处，因此也许考虑设备、井及地下构筑物防渗、防潮等问题。

3.4　化验室危险品泄漏应急预案

1. 适用范围

应对可能发生的危险品泄漏，确保城市水处理的正常，保障企业财产和人员的安全。

2. 工作原则

对于化验室危险物品管理应采取分级负责制度，一旦发生泄漏相关责任人应反应急时，措施果断，日常管理中应加强危险品泄漏应急工作的领导，成立企业化验室危险品泄漏应急工作领导小组。有效控制化学品泄漏事件的基本要求，积极主动做出反应，立即组织调查，果断采取控制措施。尽最大努力和可能，最大限度地减少人员伤亡，减少财产损失和社会影响，维护公众生命、财产安全，维护国家安全和利益。

3. 应急救援保障

一旦发生化验室危险品泄漏后应依据现有资源的评估结果，确定以下内容：

（1）确定应急队伍，含抢修、现场救护、医疗、治安消防、交通管理、通信、供应、运输、后勤等人员。

（2）消防设施配置图、工艺流程图、现场平面布置图、排水管网分布图、危险化学品说明书。

（3）应急通信系统。

（4）应急电源、照明。

（5）应急救援装备、物资、药品等。

依据危险化学品事故的类别、危害程度的级别和从业人员的评估结果，对可能发生的事故现场情况分析结果，设定预案的启动条件。

在实际操作中，发现化学品泄漏人员应作为第一责任人立即向应急值班人员或有关负责人报警，其他获知该信息人员也有责任立即报警。应急值班人员接到报警后应立即向企业应急指挥领导小组报告。公司应急指挥负责人根据报警信息，启动相应的应急预案，并组织指挥现场非抢险救援人员紧急疏散、撤离。必要时需联系外部救援，发挥社会力量。

4. 抢险、救援及控制措施

根据危险化学品的危害特性和有关经验，对可能发生的突发事件进行分类，规定相应的处置方法和处理程序，内容包括排险、控制污染两个方面；根据危险物质的种类、危害特性，做出应急救护的规定，包括个体防护、急救的方法、所需药品和医疗器材等。

化学品泄漏事件发生后应启动应急处理机制并进入应急状态，对突发事件进行综合评估，采取应急处理措施，包括现场控制、追踪监测、医疗救治、人员物资调度、技术管理，督查与指导。化学品泄漏事件得到有效控制后，解除应急措施并对应急措施处理结果进行评估。启动应急处置机制后，各相关部门立即按职责进入应急状态，在领导指挥小组统一指挥下，在各自的职责范围内做好化学品泄漏防护处置的有关工作，并保持信息畅通。

各有关部门和相关机构进入应急状态，实施应急状态管理机制。疾病预防控制应急处理队伍和医疗救治应急队伍进入应急状态。包括：人员集中、动员培训、物质准备等。指挥部根据事件的各方面因素，开展突发事件的调查和现场确认、取证。应考虑包括化学品泄漏发生的原因、接触人员的发病情况、引起疾病流行的可能因素等。

对生活资源受污染范围及严重程度进行现场调查和取证，确定人员应采取的防护措施。根据事件综合评估结果，划分疫点、疫区范围或化学品毒素扩散区域。划定化学品毒素扩散区域后向社会通告，并视情况采取以下措施：①如需对化学品毒素扩散区域实施管制措施，应与公安等有关部门协作，在该区的出入口设立检查点，阻止内外人员和交通的流动。②人员疏散。化学品泄漏事件影响严重时，可请政府取消集会性活动，停工、停业、停课和其他人员疏散措施。③消除区域民众心理障碍和精神应激。采取宣传教育、心理咨询等方式针对性解决化学品泄漏事件发生后引起的民众心理障碍和精神应激。

事故发生后，确定事故应急救援工作结束的条件。通知公司相关部门、周边社区及人员事故危险已解除的程序。各级卫生行政部门、卫生监督部门要对辖区内化学品泄漏防控工作进行督导检查。化学品泄漏事件应急处理专家评估委员会负责对化学品泄漏事件应急处理的过程进行调查和评估。评估的主要内容包括：化学品泄漏事件报告数据是否及时准确；档案资料是否齐全；情况通报是否及时；采取的措施是否及时、果断、科学、有效；人员、物资、经费是否及时到位等，并提出评估报告。此后，尽快处理事故现场遗留的污染物质。启动事故责任调查及污染危害评估报告。

3.5　火灾应急预案

1. 适用范围

增强防范火灾事故风险和应对火灾事故灾难的能力，最大限度地减少事故灾难造成的人员伤亡和财产损失。

2. 火灾的分类及火灾易发部位

(1) 火灾的分类及使用的灭火器材

1) 一类：指含碳固体可燃物，如木材、棉毛、麻、纸张等燃烧的火灾。

可用水型灭火器、泡沫灭火器、干粉灭火器、卤代烷灭火器。

2) 二类：指可燃烧气体，如煤气、天然气、液化石油气、甲烷等燃烧的火灾。

可用干粉灭火器、卤代烷灭火器。

3) 三类：指带电物体燃烧的火灾。

可用二氧化碳、干粉、卤代烷灭火器（禁止用水）。

(2) 火灾易发部位及类型

1) 高低压配电房——三类火灾：带电物体燃烧发生的火灾。

2) 食堂——一类、二类火灾：含碳固体可燃物、可燃烧气体燃烧发生的火灾。

3) 贮气罐、除臭间——二类火灾：可燃烧气体燃烧发生的火灾。

4) 设备机房——三类火灾：带电物体燃烧发生的火灾。

水处理企业下属各部门办公楼、各车间、值班室等均属于保护部位。

(3) 火灾应急时段、人员分组及组织职责

1) 火灾应急领导小组负责整个火灾应急救援工作的任务布置、组织和协调。

2) 火灾应急扑救组负责火灾现场的应急扑救。

3) 火灾应急警戒组负责引导消防车及消防人员，清理消防通道，维持火灾现场秩序。

4) 火灾应急救护组负责抢救被困人员及灭火受伤人员。

5) 火灾发生当日值班领导全权负责火灾初期应急救援工作的组织协调工作。所有当班人员必须服从值班领导的统一指挥。

(4) 火灾应急处理程序

发生火灾后应尽快向上级部门及消防部门做准确的汇报：

1) 正常工作日白天发生火灾

正常工作日白天发生火灾时，发现火灾者应立即电话报告企业领导，在报告中要求简要说明：火灾地点、原因及火势等情况；由企业领导向市消防部门报火警求救，并通知火灾应急工作领导小组成员，火灾应急扑救组、救护组、警戒组人员。

2) 正常工作日夜晚或节假日

正常工作日夜晚或节假日发生火灾时，发现火灾者立即电话报告值班领导，在报告中要求简要说明：火灾地点、原因及火势等情况；由值班领导向市消防部门报火警求救，报警时应说明：起火地点、起火物质、联系人员、联系电话等。然后通知上级领导。

发现火灾的人员及扑救组人员要迅速进行应急灭火抢险。

火灾发生后，不要惊慌，利用现场现有的灭火工具进行灭火；如果烟雾较

大，一定要用手绢或者毛巾等吸水物品，吸水后捂住口鼻，然后再进行灭火。

A. 企业下属各部门办公楼、各车间、值班室发生一般性火灾（非电气火灾）的扑救方法。

a. 灭火器灭火：就近取出灭火器，站在上风口，打开灭火器的保险栓，对准火焰喷射，直至火灭。

b. 冷却灭火：用盆、罐接水，将水直接倒、洒向火源，也可接水管直接用水冲向火源，直至火灭。

c. 窒息法灭火：用水将棉被、衣服等吸水物质沾湿，覆盖在火源上，并不断往上面泼洒冷水，也可将砂土直接向火源覆盖灭火。

d. 如果火势较大，可利用消火栓接消防带、水枪，用水灭火。

B. 在高低压配电房、变压器室等处发生电气设备发生火灾时的扑救方法。

a. 停电灭火。电气设备发生火灾并引燃附近可燃物时，为了防止发生触电事故，首先要切断电源，然后才能进行扑救。

b. 高低压配电房变压器灭火。如高低压配电房变压器着火，高低压配电房当班人员应迅速拉断高低压配电房开关，就近取出灭火器，站在上风口，打开灭火器保险栓，对准火焰喷射直至火灭。如火势较大，可利用消火栓接消防带、水枪，用水灭火。

c. 带电灭火。有时在危急的情况下，如等待切断电源后再进行扑救，就会有使火势蔓延扩大的危险，或者断电后会严重影响生产。这时为了取得扑救的主动权，扑救就需要在带电的情况下进行。

带电灭火时应注意：必须在确保安全的前提下进行，应用不导电的灭火剂如二氧化碳、干粉等进行灭火。不能直接用导电的灭火剂如直射水流进行灭火，否则会造成触电事故。使用小型二氧化碳、干粉灭火器灭火时由于其射程较近，要注意保持一定的安全距离。有油的电气设备如变压器着火时，也可用干燥的黄砂盖住火焰，使火熄灭。

在火灾应急扑救组灭火同时，门卫立即打开大门，迎接消防车和消防人员（夜晚带手电）。警戒组人员赶赴火灾现场后，清理消防通道，维持火灾现场秩序。消防支援队伍到现场进行火灾的扑救。对火灾受伤人员提供必要的现场救护。救护组接到火灾信息后，带急救药品赶赴现场。窒息人员、轻度中毒者需抬至空气畅通的上风处，并给以新鲜空气或氧气呼吸，可采取口对口人工呼吸。心脏停止跳动者，可施以心脏按压法救护。外伤人员可清洗创伤部位，然后进行包扎止血处理。烧伤者严禁水洗，要防止创伤面扩大。伤情严重者立即送医院救治。

事故现场得以控制，环境符合相关标准，易导致次生、衍生事故隐患消除后，经公司领导确认和批准，现场应急处理工作结束，应急救援队伍撤离现场。火灾善后处置工作完成后，公司领导宣布应急处置结束。

3.6　停电事故处理应急预案

1. 适用范围

水处理厂内用电量大，设备负荷高，突发性停电对设备的使用和工艺的安全具有较大的影响。为了及时、迅速、有序地处理生产过程中出现意外停电突发性事故，确保生产的正常运行，应制定相关预案。

2. 应对措施

水处理厂负责人负责紧急状态下意外事故应急处理的组织管理工作和意外停电的处理实施工作。各有关部门负责职责范围对紧急状态下停电事故的应急处理进行有效控制。其正常操作流程，如图 18-2 所示。

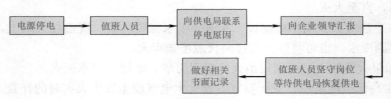

图 18-2　停电应急处理流程

水处理企业应对停电事故制定《停电事故处理应急预案》，并对员工实施培训。并按国家有关法规要求，配备必要停电故障应急设施，应加强对应急设施的维护和保养，确保应急设施完好备用，配备的应急设施或器材不得随意拆除、停用和挪用，特殊情况下需拆除、停用和挪用的事前应经过评价和论证，并留有相应记录。

值班人员遇紧急状态的应急停电故障时，应立即采取有效处理措施，同时迅速上报水处理厂厂长，若人为地处理不当或无故延误汇报，将视后果的轻重由企业按规定严肃处理。在突发性停电故障紧急状态、应急事故处理中，在确保人、机设施维持安全的基础上，当班人员应全力以赴，采取一切必要的措施，尽快恢复生产。

电源停电时，值班人员应尽快向供电局联系、询问停电原因，并及时向企业领导做出汇报，值班人员应坚守岗位，等待供电局恢复供电，做好相关原因书面记录。对紧急状态下突发性停电事故应急处理，当班人员要立即关进水阀门，并做工艺调整；送电后要视水质情况将工艺切换到正常状态。

非正常停电事故发生后，必须认真分析原因，从中吸取教训，提出整改防范措施，应责任到人，限期完成，对有章不循、玩忽职守、盲目指挥、违章操作及违反劳动纪律而造成突发性事故的责任者，要从重从严处理。对抢修配置的专用工具，安全防护用品及特殊备件，未经企业领导审批，任何人不准外借、挪用。

3.7　自控系统中断事故应急预案

1. 应急设备

(1) 控制中心实行 24h 值班，值班人员监控自控系统的运行状况。

(2) 现场巡检人员每 2h 一次巡视主要自控设备。

(3) 每月一次对自控设备进行性能检查，每半年一次对 PLC、交换机、服务器、供电设施等关键设备进行一次维护，发现问题及时解决，消除隐患。

(4) 对潜在事故控制点的部门、人员都要定期培训，使其掌握事故发生时的应急措施与要求。

（5）每年组织一次模拟故障演习。

2. 应急响应

（1）出现自控中断，值班人员应该立即通知现场巡查人员到场，将自控中断区域相应的设备切换至现场手动运行，并调节至合适的运行参数，待故障排除后恢复自控。

（2）值班人员立即将情况汇报给负责人，有负责人组织技术人员尽快查明事故原因，并及时处理。

（3）在 24h 内未能处理中断事故、恢复正常生产运行的，须报公司应急处理领导小组，由公司指导处理。

（4）由断电引起的自控网络中断，在恢复通电前先关闭交换机电源，通电后重新开启并复位。

（5）查明事故原因并处理后 3d 之内，技术人员编写事故总结报告，报应急处理领导小组。

3.8　有毒气体中毒事故应急预案

1. 适用范围

为确保企业、社会及人民生命财产的安全，防止突发性有毒气体中毒事故发生，并能够在事故发生时，及时准确、有条不紊地控制和处理事故，有效地开展自救和互救，尽可能把事故造成的人员伤亡、环境污染和经济损失减少到最低程度，做好应急救援准备工作，落实安全责任和各项管理制度。根据实际情况，制定水处理厂安全事故应急救援预案。

在污水处理厂处理构筑物中进水管网、进水泵房、脱水机房及污泥堆棚中极易产生硫化氢和氨气。

硫化氢分子式 H_2S，无色，具有臭鸡蛋味的气体。与氧化型细胞色素氧化酶的三价铁结合，抑制氧化酶的活性，终止细胞内的氧化还原过程，并作用于血红蛋白产生硫化血红蛋白，导致细胞窒息，造成组织缺氧，直接损伤中枢神经和周围神经系统。对眼结膜、角膜及呼吸道黏膜有强烈的刺激作用。

轻度中毒症状：眼胀痛、畏光、咽干、咳嗽、头痛头晕、恶心、胸闷、视力模糊、眼角膜溃疡等。重度中毒症状：昏迷、肺水肿、呼吸循环衰竭、闪电型死亡。

氨气具有强烈辛辣味刺激性气体，对皮肤黏膜和呼吸道有刺激和腐蚀作用。引起急性系统损害，常伴有眼和皮肤灼伤。轻度中毒症状：眼和上呼吸道刺激症状、声音嘶哑、咳嗽剧烈、呼吸困难、间质性肺水肿等。重度中毒症状：气急、胸闷、心悸、呼吸窘迫、喉水肿、支气管黏膜坏死脱落造成窒息。

氯气是黄绿色的刺激性气体，引起呼吸道的严重损伤，对眼睛、黏膜和皮肤有高度刺激性。吸入氯气后，即刻发生呼吸道刺激症状，空气中氯气浓度达到或超过 $90mg/m^3$ 会引起咳嗽，并出现肺水肿等症状。开始时有胸闷、气急、咳嗽、胸痛、发热、头痛，以及呼吸困难、声音嘶哑。接触高浓度的氯气导致非心源性肺水肿，呼吸极度困难，表现为发绀、大量血性泡沫痰、神志障碍、惊厥、昏迷、休克、肾功能障碍和酸碱平衡紊乱。

臭氧在常温常压下，呈淡蓝色的气体，有刺激性，伴有一种自然清新味道，对人体健康有一定危害。吸入过量臭氧可产生眼、呼吸道刺激症状，严重者可发生化学性支气管炎、肺炎，以及中毒性肺水肿。短期吸入低浓度臭氧可有口咽干燥、胸骨后紧闷感、咳嗽和咯痰。长期吸入低浓度臭氧，有嗜睡，乏力，工作能力下降、视力降低、味觉异常等症状，也可发生支气管炎，甚至肺气肿或肺硬化。

2. 事故发生后应采取的处理措施

事故抢救人员应在做好个人防护和必要的防范措施后，迅速投入排险工作。危险范围内无关人员应迅速疏散、撤离现场，及时把受伤人员抢救到安全区域。在进水泵房、进水管网检查井内、污泥堆棚内采用便携式气体检测仪检测有害气体。

抢救、救援时，救护人员必须听从指挥，了解中毒物质及现场情况，防护器具佩戴齐全；救护人员必须在确保自身安全的前提下进行救护；救护人员进入有毒气体区域必须两人以上分组进行；发生伤亡事故，抢救工作要分秒必争，及时、果断、正确，不得延误、拖延；迅速将伤员抢离现场，搬运方法要正确；根据伤员的伤情，选择合适的搬运方法和工具，注意保护受伤部位；呼吸已停止或呼吸微弱以及胸部、背部骨折的伤员，禁止背运，应使用担架或者双人抬送。搬运时动作要轻，不可强拉，运送要迅速及时，争取时间。

3. 事故应急处理和控制措施

硫化氢中毒急救处理：迅速将患者移离中毒现场至空气新鲜处，除去口鼻异物及被污染衣物，立即吸氧并解开领口、裤带保持呼吸道通畅，并同时拨打 120 急救电话求助。心跳及呼吸停止者，应立即施行人工呼吸（宜采用胸廓挤压式人工呼吸，忌用口对口人工呼吸，万不得已时与病人间隔数层水湿的纱布）和体外心脏按压术增强呼吸能力，直至送达医院。

氨气、氯气、臭氧中毒急救处理：迅速将患者移离中毒现场至空气新鲜处，除去口鼻异物及被污染衣物，彻底冲洗污染的眼和皮肤，并同时拨打 120 急救电话求助，解开领口、裤带保持呼吸道通畅。

参 考 文 献

［1］ 室外给水设计规范 GB 50013—2018. 北京：中国计划出版社，2018.
［2］ 王有忠. 水污染控制技术. 北京：中国劳动社会保障出版社，2018.
［3］ 污水排入城镇下水道水质标准 GB/T 31962—2015. 北京：中国标准出版社，2016.
［4］ 张宝军. 水处理工程技术. 重庆：重庆大学出版社，2015.
［5］ 谢炜平. 水质检测技术. 北京：中国建筑工业出版社，2011.
［6］ 张思梅，张漂清. 水处理工程技术. 北京：水利水电出版社，2010.
［7］ 王淑莹，曾薇. 水质工程实验技术与应用. 北京：中国建筑工业出版社，2009.
［8］ 室外排水设计规范 GB 50014—2006. 北京：中国计划出版社，2006.
［9］ 污水综合排放标准 GB 8978—2006. 北京：中国计划出版社，2006.
［10］ 生活饮用水卫生标准 GB 5749—2006. 北京：中国计划出版社，2006.